# ICH WILL EINEN HUND

Tipps und Geschichten
zur Vorbereitung auf
ein Leben mit Hund

Melanie Goepfert

Impressum

Copyright © 2020
Melanie Goepfert
Morgenröte 15A
68305 Mannheim
frieda@melanie-goepfert.de
www.melanie-goepfert.de

Coverdesign: Dina Kunosic
Lektorat: Nadja Apro
Druckort : Amazon Media EU S.à r.l., 5 Rue Plaetis, L-2338, Luxembourg
ISBN 978-3-9822529-0-2

FÜR FRIEDA

# INHALTSVERZEICHNIS

# VORWORT

Als Hunde-Mami meines großartigen Labradoodle-Mädchens Frieda erzähle ich in diesem Buch von meinen eigenen Erfahrungen, aber auch von dem, was ich ringsherum so mitbekomme. Zugegebenermaßen hatte ich das große Glück mir einen Welpen ausgesucht zu haben, der es mir leicht gemacht hat, in meine Rolle als verantwortungsvolle Hundehalterin hineinzuwachsen. Ich habe tatsächlich auf Anhieb meinen Seelenhund gefunden und bin unendlich dankbar dafür. Frieda und ich haben Einiges erlebt in den acht Jahren, die sie jetzt bei mir ist. Sie war in meinen schwärzesten Zeiten nicht nur geduldig an meiner Seite, sondern ist aus Liebe zu mir über ihre eigenen Schatten gesprungen. Ich werde nie vergessen wie wir beide, nach der Trennung meines Ex-Mannes, übergangsweise zu meinen Eltern in deren Haus ziehen mussten. Unser Zimmer lag im ersten Stock und Frieda ist vorher - trotz aller Bestechungsversuche meiner Eltern - niemals diese Treppe hochgelaufen. Doch in jener besonderen Situation hat sie, ohne zu zögern, neben mir diese ihr so verhassten Stufen bezwungen, um mich nicht allein zu lassen. Und das ist nur ein Beispiel von vielen.

Der Grund, weshalb ich dieses Buch geschrieben habe: als ich mich vor achteinhalb Jahren selbst mit dem Gedanken befasst habe, eine Fellnase in mein Leben zu holen, hätte ich mir gewünscht, eine Lektüre zu haben, an der ich mich - noch vor meiner endgültigen Entscheidung - orientieren kann. Ein Ratgeber, der mir Einblicke gibt, in das, was auf mich zukommt, wie und worauf ich mich vorbereiten muss. Ich wusste lediglich, dass ich eine Hündin möchte, wie sie heißen wird und dass sie braunes, längeres Fell mit einer weißen Brust haben soll. Dass es dann ein Labradoodle wurde, liegt einzig und allein daran, dass die Vorgabe von Zuhause war, dass der Hund nicht haaren dürfe. Mal davon abgesehen, dass meine Frieda einem Labradoodle nur bedingt ähnlich sieht und bergeweise Haare verliert, war es die beste Vorgabe meines Lebens.

Leider höre ich bei Spaziergängen von frischgebackenen Hundehaltern immer wieder: „So anstrengend haben wir uns das nicht vorgestellt...!" Nun ja, man kann sich vermutlich auch nicht gut vorstellen, wie es ist, den Mount Everest zu besteigen. Man weiß, es ist hart und kalt, aber wie genau es dann wirklich ist – keine Ahnung. Sollte man auf dem Weg zum Gipfel feststellen, dass man sich überschätzt hat, kann man die Tour abbrechen. Das nagt vielleicht am Ego, ist aber ansonsten kein Weltuntergang. Ganz im Gegenteil dazu ist es eine absolute Katastrophe, wenn man nach einer gewissen Zeit mit seinem Vierbeiner feststellt, dass er doch nicht so richtig ins eigene Leben passt. Oder welche Gründe auch immer es dafür gibt, seinen Hund wieder abzugeben.

Dieser Wegweiser soll Dir helfen, eine bewusste und gute Entscheidung zu treffen und Dich gleichzeitig davor bewahren, diese später womöglich revidieren zu müssen, und somit eine kleine, unschuldige Fellnase in eine unsichere Zukunft - schlimmstenfalls im Tierheim - zu schicken. Es soll Dir Wichtiges für ein Leben mit Hund vermitteln und Dir Lust darauf machen, ihm Deine Liebe und ein tolles Leben zu schenken. Das Buch beginnt mit wesentlichen Fakten, die Du vor der Entscheidung, Dir einen Hund ins Haus zu holen, wissen solltest und endet bei der Abholung des neuen Mitbewohners. Dabei beziehe ich mich hauptsächlich auf Welpen, allerdings kann das Meiste auch auf erwachsene Hunde übertragen werden. Ganz am Ende findest Du außerdem noch Tipps für ein glückliches Zusammenleben, sowie Kurzbeschreibungen der einzelnen Hunderassen. Da ich keine Hundetrainerin bin, maße ich mir nicht an, Übungen oder Anleitungen zu beschreiben. Stattdessen gibt es wichtige Informationen, hilfreiche Tipps, notwendige Hinweise und kleine Geschichten aus dem Leben zu lesen.

Wenn Du Dich dafür entscheidest, einem Hund ein tolles Leben zu bieten, wünsche ich Dir den größtmöglichen Spaß und die pure Freude dabei! Und natürlich eine ordentliche

Portion Geduld und ganz viel liebevolle Konsequenz. Entscheidest Du Dich nach der Lektüre dieses Buches dagegen, ziehe ich meinen Hut vor Deiner Vernunft. In dem Fall schlage ich vor, dass Du vielleicht zum Gassigeher mit Tierheimhunden wirst, um Dir Deinen Wunsch nach der Nähe eines Hundes zumindest teilweise zu erfüllen. Gleichzeitig kannst Du Hunden, die nicht auf der Sonnenseite des Lebens stehen, durch Dein Ehrenamt regelmäßig ein paar glückliche Stunden schenken.

Wie auch immer Deine Entscheidung ausfällt, lass' mich gerne daran teilhaben. Dazu kannst Du mir eine Mail an frieda@melanie-goepfert.de schicken. Ich freue mich auf Dein Feedback und natürlich auch auf Geschichten und Fotos von Deiner Fellnase.

Deine Melanie

Frieda und ich

# HUNDE SIND DES MENSCHEN BESTER FREUND

Sie brauchen Liebe, Fürsorge, Geduld und Konsequenz und stellen Deinen Alltag – zumindest am Anfang – ziemlich auf den Kopf. Damit ihr möglichst schnell zu einem guten Team zusammenwachst, gibt es einiges zu beachten. Natürlich ist nicht jeder Hund gleich, das sind wir Menschen ja schließlich auch nicht. Und natürlich unterscheiden sich auch unsere Lebenssituationen voneinander, sodass es auch hier keine pauschalgültige Anleitung geben kann. Nichtsdestotrotz findest Du in diesem Buch einige wichtige Anregungen, die Dir den Einstieg ins Frauchen- bzw. Herrchen-Dasein leichter machen sollen. Denke bitte immer daran: dein Hund spricht in aller Regel noch kein menschisch, so wie Du vielleicht auch noch kein hundisch kannst.

Wenn Du also ungeduldig wirst, vergiss nicht, dass der Hund Dich genauso wenig versteht, wie Du ihn. Indem Du lernst, die Bedürfnisse Deines Vierbeiners zu erkennen, ihm zumindest die wichtigsten Kommandos beibringst und ihr euch so annähert, steht einer guten und vertrauensvollen Beziehung nichts mehr im Wege und ihr werdet viel Spaß miteinander haben. Denn das ist es ja schließlich, worum es geht: sich gegenseitig Freude zu bereiten.

Ein Hund wird niemals bewusst oder absichtlich etwas tun, um Dich zu ärgern. Wenn er sich nicht abrufen lässt und stattdessen genüsslich auf der Wurstsemmel, die da so verlockend im Wald liegt, herumkaut, musst Du also eher mit Dir als mit ihm schimpfen. Er kann ja schließlich nicht ahnen, dass die Köstlichkeit vergiftet sein könnte und Du einfach nur Angst um ihn hast. Deine Aufgabe ist es dann eben, Wurstsemmeln und Co. für die Zukunft den Kampf anzusagen, indem Du entweder mehr übst oder Dir Hilfe von einem erfahrenen Hundetrainer holst.

Eine Sache, vor der alle Hundeeltern Angst haben, die aber leider auf uns alle einmal zukommen wird, ist, dass wir irgendwann unsere geliebte Fellnase über die Regen-bogenbrücke gehen lassen müssen. Wann das sein wird, ist genauso wenig vorhersehbar wie bei uns Menschen. Wir haben jedoch die Möglichkeit unserem treuen Weg-gefährten schmerzvolles, vielleicht sogar jahrelanges Leiden zu ersparen.

Das ändert allerdings nichts an dem Verlust und den unsäglichen Herzschmerzen, die wir erleben werden, gleich auf welchem Weg wir ihn verlieren. Dessen müssen wir uns bewusst sein und deshalb jeden gemeinsamen Moment auskosten und genießen.

"Wer nie einen Hund gehabt hat,
weiß nicht, was lieben und geliebt werden heißt."

Arthur Schopenhauer

# DU WILLST ALSO EINEN HUND

Wer darüber nachdenkt, sich einen Hund ins Leben zu holen, muss wissen, dass er eine Verantwortung übernimmt, die nicht bei der Urlaubsplanung endet. Auch nicht dann, wenn das Wetter nicht gerade zum Gassigehen einlädt oder die Lust, den ganzen Sonntag lieber auf der bequemen Couch zu verbringen, überwiegt. Ein Hund ist nun mal ein Lebewesen, das einer gewissen Fürsorge bedarf und diese auch verdient. Dazu gehört ein strukturierter Tagesablauf, ausreichend Zeit für regelmäßige Spaziergänge, Zeit und Muse zum Trainieren, aber auch zum Kuscheln und zur Fellpflege.

Viele Neu-Hundehalter unterschätzen den Aufwand und sind dann völlig überrascht, wenn sie feststellen, dass ihre kleine

Fellnase – vor allem in den ersten Wochen und Monaten – ziemlich anstrengend ist. Das legt sich zwar, mindestens aber der tägliche Bedarf an ausgedehnten Spaziergängen bleibt für hoffentlich viele Jahre. Kalkuliere das also bitte in Deine künftige Lebensplanung mit ein. Solltest Du Dir vorgenommen haben, innerhalb der nächsten zehn bis 15 Jahre eine Weltreise zu machen, ein dreimonatiges Yoga-Retreat in Thailand zu absolvieren oder Du verbringst Deine Freizeit am Liebsten in der Kletterhalle oder auf dem Golfplatz – schlag Dir das Zusammenleben mit einem Hund bitte aus dem Kopf!

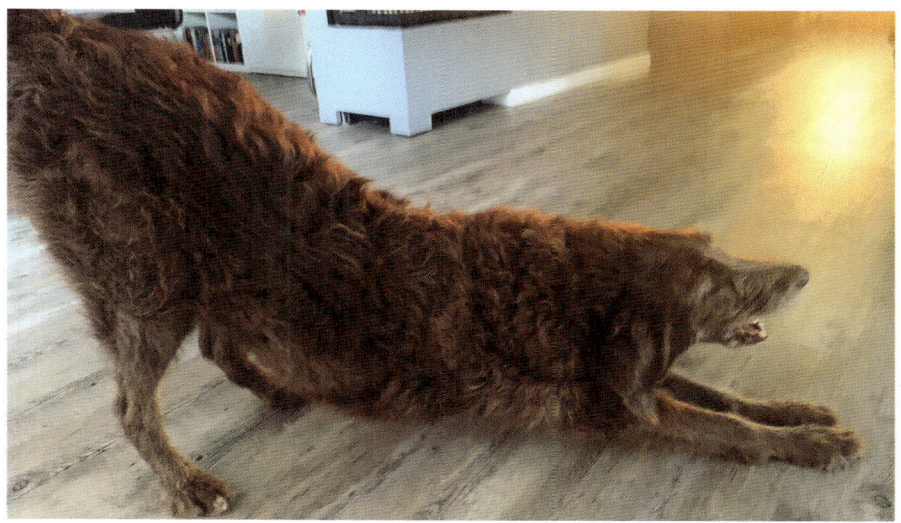

Frieda, der herabschauende Hund

Indem Du Dir eine Fellnase nach Hause holst, gibst Du das unausgesprochene Versprechen, ihm ein schönes und artgerechtes Leben zu bieten. Wenn Du das nicht kannst oder aus tiefstem Herzen willst – lass' es! Oder aber, Du nimmst ihn überall mit hin, bzw. planst alles so, dass der

Vierbeiner bei Dir sein kann. Yoga kann man auch prima in den österreichischen Bergen oder am norddeutschen Strand praktizieren. Und wer sollte den herabschauenden Hund besser können als der Namensgeber selbst?

Bitte bedenke auch, dass Hundehaare Allergien hervorrufen können. Wenn Du Dir unsicher bist, ob Du oder Deine Familienmitglieder, die mit dem Hund in einem Haushalt leben werden, eventuell allergisch sein könnten, lasst bitte vor allen weiteren Überlegungen einen Test machen. Es gibt kaum etwas Schlimmeres für einen Hund, als dass er sich gerade in seinem neuen Rudel eingelebt hat und aus diesem dann völlig unverschuldet wieder ausgestoßen wird. Ich sage bewusst „ausgestoßen", denn genauso fühlt es sich für die Fellnase an, die nun wirklich nichts dafür kann, dass sie bei einigen Menschen Niesen, Augentränen oder noch Schlimmeres auslöst.

Lass' es deshalb im Allergiefall bitte auch nicht auf einen Versuch ankommen, das wäre wahrlich verantwortungslos - sowohl dem Allergiker als auch dem Hund gegenüber! Werde stattdessen lieber Gassigeher beim Tierheim Deiner Stadt. Damit machst Du nicht nur den dort lebenden Hunden eine große Freude, sondern auch Dir selbst, denn Du hast sodann mindestens einen vierbeinigen Freund, und das ohne jegliche Verpflichtung.

Es gibt auch noch die Möglichkeit eines allergiker-geeigneten Hundes. Mehr dazu findest Du im Kapitel ‚Hundearten – Hybridhund'. Meine Frieda ist ja ein solcher Designerhund, der wenig bis gar nicht haaren und auch keine allergischen Reaktionen hervorrufen soll. Achtung: die Betonung liegt auf ‚soll', denn die Zuckerschnute hinterlässt überall ihre felligen Spuren. Meine höchst hundehaar-allergischen Freundinnen meinen jedoch alle übereinstimmend, dass sie bei Frieda kaum oder sogar keine Reaktionen zeigen. Sie vermeiden es allerdings auch, sich nach dem Streicheln direkt ins Gesicht zu fassen. Entweder liegt es daran oder aber es ist doch etwas dran am allergiker-geeigneten Hund. Ich vermag es jedenfalls nicht zu sagen und kann daher nur zu einem Allergietest und einer umsichtigen Entscheidung raten.

Solltest Du in Miete leben, denke bitte daran, Deinen Vermieter zu fragen, ob Du einen Hund halten darfst, falls es nicht sowieso schon explizit im Mietvertrag festgehalten ist. Verlasse Dich dabei nicht auf mündliche Zusagen. Wer schreibt, der bleibt und ist, wenn es darauf ankommt, auf der sicheren Seite. Erst kürzlich habe ich gehört, dass das mündliche Okay eines Vermieters kurzerhand widerrufen wurde und die traurige Hundehalterin ihren Welpen zum Züchter zurückbringen musste, weil sie nicht schnell genug eine neue Wohnung finden konnte, um den Kleinen behalten zu können. Das kommt leider immer wieder vor und ist ganz einfach durch eine vorzeitige Ergänzung im Mietvertrag zu vermeiden.

Hast Du einen Ganztagsjob? Sehnst Dich aber trotzdem nach der Liebe und Gesellschaft eines Hundes? Dann solltest Du vorher abklären, ob die Fellnase entweder mit zur Arbeit kann oder aber ob Du in Deiner Mittagspause nach Hause fahren kannst, um Deinen vierbeinigen Liebling zumindest kurz rauszulassen. Alles andere macht wenig Sinn. Oder Du findest eine andere Lösung. Meine liebe Freundin Nadine ist voll berufstätig und bringt ihr Golden Retriever-Mädchen Julie (ein Foto von ihr findest Du bei den Hunderassen unter ‚Apportierhund') jeden Tag zu ihrer Mutti. Damit schlägt sie sogar drei Fliegen mit einer Klappe, denn weder Julie ist allein, noch ihre Mutter. Und Nadine weiß, dass ihre süße Fellnase bestens untergebracht und versorgt ist und dreht dann jeden Tag nach Feierabend eine große Gassirunde mit ihr.

Solltest Du auf die Idee kommen, Dir als Vollzeitbeschäftigter zwei Hunde zuzulegen, damit die beiden sich tagsüber gegenseitig bespaßen können, denke bitte noch mal genauer darüber nach. Rauslassen können sie sich schließlich nicht gegenseitig und Pipimachen und größere Geschäfte gehören nun mal nicht nur bei uns Menschen zu den Grundbedürfnissen.

Kurzum: Wer täglich länger als 8 Stunden am Stück von Zuhause weg ist, seinen Wohnraum aber unbedingt mit einem tierischen Mitbewohner teilen möchte, sollte sich vielleicht besser ein Kaninchen, einen Wellensittich oder eventuell sogar eine Katze anschaffen. Die leiden nicht so sehr darunter, über Stunden hinweg allein zu sein. Denn wie oft passiert es, dass man Überstunden machen muss, nach der Arbeit noch einkaufen geht oder sich mit Kollegen auf ein Feierabendgetränk oder zwei oder drei trifft.

Klar ist jedoch, dass es jede vermeintliche Entbehrung wert ist, denn die Freude Deines Hundes, wenn Du nach Hause kommst, ist unbezahlbar und die schönste Belohnung für einen harten Arbeitstag. Die viele Zeit an der frischen Luft wird auch Dir gut tun und Du wirst es bald nicht mehr missen wollen.

Vielleicht hast Du ja aber auch Kinder, die Deine volle Aufmerksamkeit erfordern und noch zu klein sind, um allein Gassigänge zu unternehmen? Oder sie sind schon älter, haben aber einen vollgepackten Freizeitplan, der Dich ordentlich auf Trapp hält. Wenn Du dann auch noch berufstätig bist und den Haushalt führst, solltest Du Dir ernsthaft überlegen, ob zwischen all diesen Verpflichtungen wirklich noch genug Raum und Leidenschaft für einen vierbeinigen Familienzuwachs bleibt. Falls Du Dir sicher bist, allem gerecht zu werden, achte darauf, Dir einen kinderfreundlichen Familienhund auszusuchen. Das erleichtert die ganze Sache immens und führt dazu, dass alle riesigen Spaß miteinander haben können. Außerdem gibt es gute Gründe, warum Kinder mit einem Hund aufwachsen sollten. Sie haben weniger Ängste, lernen leichter, neigen weniger zu Aggressivität und noch Einiges mehr. Darüber hinaus wird die psychische Entwicklung Deiner Sprösslinge gefördert und durch die regelmäßigen Spaziergänge sinkt die Anfälligkeit für Erkältungen erheblich.

Wie auch immer Du Dein Leben mit Hund planst, sei Dir bewusst, dass nichts mehr sein wird, wie es einmal war. Die kleine Fellnase wird Deinen Alltag gehörig auf den Kopf stellen und Dir dabei große Freude bereiten. Und Dir unendlich viel Liebe schenken. Es lohnt sich also!

Martinas Elo-Mädchen Bluna

# BIST DU HUNDETAUGLICH?

Eigentlich ist es ja doch irgendwie unfair: wir Menschen suchen uns einen Hund aus, von dem wir dann erwarten, dass er uns bedingungslos folgt. In Anbetracht dessen, sollten wir uns vor der großen Entscheidung selbst einmal überprüfen, ob wir als Frauchen bzw. Herrchen überhaupt taugen.

Also: welche Eigenschaften sollte ein Hundebesitzer denn eigentlich mitbringen?

## GEDULD

Mit einer ordentlichen Portion Geduld schonst Du nicht nur Deine Nerven, sondern bringst die Voraussetzung mit, Dich auf Deinen Hund einzulassen, ihn verstehen zu lernen und ihm beizubringen, was Du von ihm im gemeinsamen Leben erwartest. Hektische und ungeduldige Erziehungsversuche schaden mehr als sie nutzen. Hunde bemerken sofort, wenn wir angespannt sind und reagieren dann leider nur noch weniger nach unseren Vorstellungen. Dann kann es sogar passieren, dass Du als Rudelführer nicht mehr ernst genommen wirst und der Vierbeiner Dir auf der Nase herumtanzt. Oder aber der Hund wird durch Deine Stimmungsübertragung extrem verunsichert, was sich natürlich auch auf sein Verhalten auswirkt.

Deshalb: Bleib möglichst ruhig und gelassen, auch wenn Dein Welpe schon zum dritten Mal an diesem Tag den Teppichboden im Wohnzimmer mit der Wiese hinterm Haus verwechselt. Bleib auch dann ruhig, wenn er einfach nicht sitzen bleiben will, obwohl Du schon zig Male „Sitz!" gerufen hast. Bedenke immer, dass Dein Hund niemals bewusst etwas tut, um Dich zu ärgern! Er hat schlichtweg noch nicht verstanden, was Du ihm beibringen willst. In diesem Fall solltest Du also Deine Lehrstrategie überdenken oder einfach geduldig am Ball bleiben. Es wird sich alles einspielen, Du brauchst nur Geduld!

# GELASSENHEIT

Am Ehesten überzeugen wir unsere Hunde mit Souveränität und Gelassenheit. Dadurch wird ihnen klar, dass es sich lohnt, an unserer Seite zu sein. Sie finden Orientierung und fassen Vertrauen. Gelassen und souverän zu agieren be-deutet, zu wissen, was man tut, die Lage im Griff zu haben.

Hunde merken schnell, wie weit sie gehen können. Reagierst Du auf grenzenaustestendes Verhalten ruhig, gelassen und unmissverständlich, ist das ein eindeutiges Zeichen für die Fellnase, sich Dir vertrauensvoll anschließen zu können.

Deshalb: Beschäftigt sich der Hund lieber mit etwas anderem, obwohl Du ihn bereits mehrfach zu Dir gerufen hast, verdränge Deinen Ärger und lobe ihn stattdessen überschwänglich, wenn er dann doch zu Dir kommt. In dieser Situation mit ihm zu schimpfen vermittelt ihm lediglich das ungute Gefühl, dass es Ärger gibt, weil er zurückkommt, was völlig kontraproduktiv wäre. Hunde können direkt aufeinanderfolgende Situationen nicht voneinander unterscheiden.

# KONSEQUENZ

Du erstellst die Regeln für das Zusammenleben mit Deinem Hund. Um diese umzusetzen brauchst Du einen Plan und natürlich Konsequenz, auch wenn es noch so schwer fällt. Beispielsweise weil diese treuen Hundeaugen einfach zum Dahinschmelzen sind, auch wenn der Rest des Hundes gerade überhaupt nicht das tut, was er eigentlich soll. Oder aber weil es auf der Couch gerade so bequem ist. Oder weil Du ihn nicht gängeln möchtest. Bitte verwechsle gängeln nicht mit konsequent erziehen! Liebevolle Konsequenz ist die beste und zuverlässigste Erziehungsmethode. Doch lass' Dir gesagt sein: Theorie und Praxis sind zwei Paar Schuhe.

Dein Plan kann noch so gut und ausgetüftelt sein – er wird kaum zu 100% aufgehen.

Deshalb: Benutze konsequent dasselbe Wort für ein Kommando, am Besten in Verbindung mit einem Handzeichen. Und zwar auch dann, wenn es leichter und angenehmer wäre, es einfach sein zu lassen. Denn leider bleibt diese Inkonsequenz eher im Gedächtnis Deines Hundes hängen als die Konsequenz, Dein Kommando liebevoll durchzusetzen. Das dauert zwar länger, macht aber viel mehr Freude, weil der Hund dann dauerhaft „funktioniert".

# HUNDEVERSTAND

Hundeverstand ist gleichzusetzen mit Empathie unseren Mitmenschen gegenüber. Sind wir empathisch, versuchen wir uns in unser Gegenüber hineinzuversetzen und dessen Standpunkt zu verstehen. Sind wir mit Hundeverstand gesegnet, versuchen wir die Bedürfnisse unseres Hundes zu verstehen, auf sie einzugehen und sie mit unseren Regeln zu vereinbaren. Diese Eigenschaft macht ein Zusammenleben zwischen Mensch und Hund von Anfang an erheblich einfacher.

Deshalb: Bereite Dich bestmöglich auf Dein neues Familienmitglied vor. Solltest Du bisher Vorbehalte gegen Hunde gehabt haben, beispielsweise weil Du womöglich einmal gebissen wurdest, setze noch im Vorfeld alles daran, diese abzulegen. Der Kleine wird ansonsten ganz schnell merken, dass Du Angst oder zumindest Respekt bzw. Misstrauen gegen seinesgleichen hegst.

Damit die Hundeerziehung nicht zu einer nervenaufreibenden Angelegenheit, sondern zu einer unvergesslichen, erlebnisreichen und vor allem schönen Erinnerung wird, solltest Du Dich selbst einmal auf Deine Hundetauglichkeit überprüfen.

# CHECKLISTE "BIST DU HUNDETAUGLICH?"

- Wie viel Zeit pro Tag bist Du außer Haus?
- Kannst Du einen Hund mit zur Arbeit nehmen?
- Wie geduldig bist Du?
- Wirst Du schnell hektisch?
- Bleibst Du auch in stressigen Situationen gelassen?
- Neigst Du zu Wutausbrüchen?
- Wie konsequent bist Du?
- Bist Du empathisch?
- Kannst Du Verständnis für die Situation anderer aufbringen?
- Hast Du Angst vor Hunder? Wenn ja: Warum?
- Hattest Du bereits ein schlimmes Erlebnis mit einem Hund? Wenn ja, hast Du es komplett verarbeitet, sodass Du unvoreingenommen sein kannst?
- Warum möchtest Du Dir einen Hund ins Haus holen?

- Wie viel Zeit pro Tag kannst Du aktiv mit einem Hund verbringen?
- Wie wohnst Du? Stadtwohnung oder Häuschen? Innenstadt oder Stadtrand?
- Falls Du zur Miete wohnst: Darfst Du einen Hund halten?
- Bist Du gerne draußen?
- Hast Du zeitintensive Hobbies, bei denen ein Hund nicht dabei sein kann?
- Bist Du oder jemand in Deiner Familie allergisch auf Tierhaare?
- Bist Du ein Sauberkeitsfanatiker?
- Unternimmst Du gerne lange Reisen?
- Hast Du jemanden, der sich im Fall um den Hund kümmern kann?
- Kannst Du Dir einen Hund leisten?

Neben all den Veränderungen in Deinem Leben, die Dich erwarten und den Eigenschaften, die Du hoffentlich mitbringst, kommt ein wichtiger Punkt hinzu: Du solltest Dich gern im Freien aufhalten, möglichst gut zu Fuß sein und keine Krise bekommen, wenn Deine Hände, Schuhe, Hose oder Jacke schmutzig oder Deine Haare nass werden. Das gehört zum Hundebesitzer-Dasein genauso dazu, wie morgens von einer feuchten Hundenase geweckt zu werden, nasse Schlabberküsse und stürmische Begrüßungsüberfälle.

# DIE QUAL DER WAHL – WELCHER HUND PASST ZU MIR?

Bevor Du Dich zum Züchter oder ins Tierheim aufmachst, solltest Du Dir Gedanken zu den Themen Rasse, Fell, Geschlecht und natürlich Charaktereigenschaften Deines zukünftigen Hundes machen. Am Besten gemeinsam mit allen an der Haltung, Erziehung und Betreuung beteiligten Menschen. Womöglich wird es hier voneinander abweichende Meinungen und Wünsche geben. Die letztendliche Entscheidung, zumindest hinsichtlich Rasse und Charakter, sollte aber derjenige treffen, der mit dem neuen Familienmitglied die meiste Zeit verbringt, es hauptsächlich erziehen und somit sein Rudelführer werden wird.

Wie bei uns Zweibeinern, zählen auch bei unseren vierbeinigen Lieblingen vor allem die inneren Werte. Emotionen, wie „Der kuckt ja so süß!", „Das eine Ohr hängt, wie goldig!" oder „Oh je, den Armen muss ich unbedingt retten!" sind absolut verständlich, bei der Wahl zum passenden Hund, aber komplett fehl am Platz. Bitte verfalle Deinem Helfersyndrom nur dann, wenn Du genau weißt, was auf Dich zukommt, Du Dir die Erziehung und Haltung zutraust und Du dem Hund das Leben bieten kannst, das er braucht und verdient. Ansonsten mache der Vernunft Platz und entscheide bitte unter Berücksichtigung wichtiger Aspekte, auf

Gabrieles Grauer Schäferhund-Bub Sammy

die ich Dich im Laufe dieses Buches hinweise, welcher Vierbeiner demnächst Teil Deines Lebens wird. Denk daran: Das Zusammenleben muss beiden gefallen – Dir und Deinem Hund!

So glücklich ich mit der lieben und gehorsamen Art meiner Frieda bin – ich weiß von anderen Hundehaltern, dass sie mehr Action brauchen. Ihnen wäre unsere Art des Gassigehens oder auch Zusammenlebens viel zu langweilig. Während ich völlig entspannt mit meinem Hundemädchen stundenlang durch die Wälder spaziere, ohne dass sie sich weiter als unbedingt notwendig von mir entfernt, um andere Hunde eher einen Bogen macht und sich auch von Wildschweinen oder Rehen, die unseren Weg kreuzen, überhaupt nicht aus der Ruhe bringen lässt, lausche ich dem Vogelgezwitscher oder auch einem Hörbuch. Sie darf im Grunde machen, was sie will, weil ich mich auf sie verlassen kann. Trotzdem habe ich natürlich immer ein Auge auf sie und natürlich auf Jogger, Walker, Spaziergänger, Fahrradfahrer und andere Gassigeher. Wenn uns jemand begegnet, vor allem jemand, den wir nicht kennen, weiß sie, dass sie Fuß laufen soll. Rücksichtnahme gehört schließlich dazu. Das ist genau die Art, wie ich mir Gassigehen wünsche – Entspannung für mich gepaart mit Spaß und einer gewissen Freiheit für Frieda.

Doch zum Glück gibt es nicht nur bekennende Langweiler wie mich, sondern auch Menschen, die von ihrem Vierbeiner gefordert werden wollen. Völlig andere Spaziergänge als ich kannst Du erleben, wenn Du Dich zum Beispiel für einen

Jagdhund entscheidest. Der hat womöglich die erste Fährte schon in der Nase, noch bevor ihr überhaupt so richtig losgelaufen seid. Dieser, für uns Menschen nicht erkennbaren Geruchsspur, wird dann mit der Nase nach unten hinterher geschnuppert, wobei der konzentrierte Vierbeiner völlig vergisst, dass am anderen Ende der Leine ja noch ein Zweibeiner hängt, der kaum Schritt halten kann. In so einem Fall bist Du nicht nur körperlich, sondern auch empathisch gefordert, denn Deine Spürnase macht sich den Stress ja nicht aus Spaß, sie handelt rein aus Instinkt und Trieb heraus – und das auch noch ohne ein Erfolgserlebnis zu bekommen.

Stephans Irish Setter-Labrador-Mischlingsmädchen Maya

Dass das ganz schön anstrengend für euch beide sein kann, muss ich nicht extra erwähnen, oder? Deine Aufgabe besteht dann darin, ihn aus der Stresssituation zu holen, das heißt ihn abzulenken und seinen Fokus vielleicht auf eine andere Aufgabe bzw. Beschäftigung zu lenken.

Das sind jetzt sicherlich zwei extreme Beispiele, die Dir aber zeigen sollen, wie es sein kann. Alles dazwischen ist ebenso gut möglich und sogar wahrscheinlich.

Apropos Gassi: Frieda und ich waren früher regelmäßig mit einer größeren Gruppe unterwegs. Es kamen immer mehr Hunde dazu und irgendwann waren wir im Wald regelrecht gefürchtet. Warum? Durch die Gruppendynamik und gleichfalls durch die Tatsache, dass sich die verschiedenen Herrchen und Frauchen zwar mochten, ihre jeweiligen Vierbeiner sich unter Umständen jedoch nicht ausstehen konnten, aber trotzdem Zeit miteinander verbringen mussten, hat sich eine gewisse Aggressivität unter den Hunden aufgebaut. Diese hat sich dann nicht nur innerhalb der Gruppe regelmäßig entladen, sondern auch bei zufälligen Begegnungen mit anderen Fellnasen. Hundelosen Spaziergängern ist beim Anblick von acht oder teilweise mehr freilaufenden Vierbeinern schon auch mal das Herz in die Hose gerutscht und mir ist irgendwann die Lust vergangen. Da ich außerdem schon seit Längerem bemerkt hatte, dass Frieda sich nicht mehr wirklich wohl fühlt, sind wir fortan alleine gelaufen und sie ist regelrecht aufgeblüht.

Was ich damit sagen will, ist, dass gegen einen Rudel-spaziergang nichts einzuwenden ist, solange die Hunde Spaß dabei haben. Sobald Du aber feststellst, dass es Deiner Fellnase nicht gut tut, gehe auf ihre Bedürfnisse ein und laufe entweder allein oder mit jemandem, mit dessen Vierbeiner Deine Fellnase gut zurechtkommt. Und um-gekehrt natürlich. Viele Hundeschulen bieten übrigens auch Trainingsspaziergänge, sogenannte Social Walks, für Hunde, die unsicher im Umgang mit Artgenossen sind, an.

"Wenn ein Hund nur darf wenn er soll,
aber nie kann wenn er will,
dann mag er auch nicht wenn er muss!
Wenn er aber darf wenn er will,
dann mag er auch wenn er soll,
und dann kann er auch wenn er muss.
Denn...Hunde die können sollen,
müssen wollen dürfen!!!"

Graffiti U-Bahnhof Berlin

# TRIFF EINE BEWUSSTE ENTSCHEIDUNG

Zu denken, man fährt zum Züchter, womöglich noch hunderte Kilometer weit weg, nur „um mal zu schauen", kann ordentlich nach hinten losgehen. Die kleinen Fellnasen werden vor Dir herumtapsen, Dich mit ihren süßen Kulleraugen anschauen und so Dein Herz im Sturm erobern. Dann geht es nur noch darum, auf welchen der Welpen Deine Wahl fällt und schwupps zückst Du schon den Geldbeutel, um die Anzahlung zu leisten oder ihn direkt mitzunehmen. Dann ist die Entscheidung gefallen, obwohl Du doch eigentlich nur schauen wolltest und irgendwie noch gar nicht so recht vorbereitet bist. Das kann sicher auch mal gut gehen, doch eine optimale Ausgangssituation, um ein ganzes Hundeleben miteinander zu verbringen, sieht irgendwie anders aus, oder?

Stephanies Beauceron-Bub Doug

Nimm Dir ruhig Zeit, um nicht nur die Hunde, sondern auch die Züchter zu vergleichen, denn auch hier gibt es erhebliche Unterschiede. Erkundige Dich nach den Hunde-eltern, nach deren Charakter und lass sie Dir am Besten vorstellen. Frage nach, wie die Welpen groß werden, ob sie schon an Kinder, Staubsauger, Autofahren, Katzen usw. gewöhnt werden. Schau Dich aufmerksam um, ist es dort sauber und ordentlich? Wollen die Züchter die Welpen nur loswerden und Geld verdienen oder legen sie Wert auf gute und passende Besitzer ihrer vierbeinigen Zöglinge? Werden die Welpen vor der Übergabe geimpft, entwurmt und gechipt?

Mir ist vor vielen Jahren Folgendes passiert: eine Anzeige in der Zeitung hat mich zu einem zuckersüßen, blonden Labrador-Jungen gelockt. Als ich unter der angegebenen Nummer anrief und fragte, ob die Welpen geimpft und entwurmt sind, flötete die Dame am anderen Ende der Leitung ein „Ja, klar!" in den Hörer. Als ich dann in der Wohnung ankam, traf mich der Schlag. Zig Katzen, Hunde, Vögel, Hamster und Meerschweinchen waren auf engstem Raum zusammengepfercht. Und ganz hinten, mitten im größten Dreck saß mein Sammy (Auch ihm hatte ich schon einen Namen gegeben, bevor ich ihn auch nur gesehen habe. Scheint eine echte Marotte von mir zu sein.). Ohne großartig darüber nachzudenken, habe ich mir den kleinen Kerl geschnappt, beim Rausgehen das Geld auf den Tisch geworfen und fluchtartig diese stinkende und versiffte Wohnung verlassen. Und genau das ist die Masche dieser unseriösen Hundeverkäufer. Sie gehen davon aus, dass kein mitfühlender Mensch imstande ist, einen knuddeligen Welpen in diesen Zuständen zurückzulassen. Ganz davon abgesehen, dass ich am Liebsten alle Tiere von dort gerettet hätte. Ich bin dann mit Sammy schnurstracks zum nächsten Tierarzt gefahren. Dort wurde mir dann das ganze Ausmaß offenbart, denn der Kleine war voller Parasiten, weder entwurmt noch geimpft, einige Wochen älter als angegeben und eigentlich kaum noch überlebensfähig. Und so kam es dann auch, dass ich nach drei Wochen intensivster Pflege, täglichen Infusionen, Hoffen und Bangen entscheiden musste, den Kleinen über die Regenbogenbrücke gehen zu lassen. Sei also bitte vorsichtig bei Angeboten vermeintlicher Züchter, die ihre Hunde weit unter dem normalen Preis anbieten.

Vielleicht hast Du Dich ja aber auch in eine Fellnase aus dem Tierschutz verliebt, der Du unbedingt ein liebevolles Zuhause geben möchtest? Bei seriösen Organisationen kannst Du den Hund in seiner vorübergehenden Pflegestelle besuchen, damit ihr euch kennenlernen könnt. Bei der Gelegenheit kannst Du auch gleich alles nachfragen, was für Dich wichtig zu wissen ist und vielleicht gar nicht in der Beschreibung stand. Danach wird ein Mitarbeiter der Organisation Dich und Dein Zuhause auf Hundetauglichkeit überprüfen. Passt von allen Seiten alles, schließt ihr einen Tierschutzvertrag, Du zahlst die Schutzgebühr und Dein neues Familienmitglied kann bei Dir einziehen.

Schwieriger kann es werden, wenn Du eine Fellnase direkt aus dem Ausland zu Dir holst. Hier hast Du häufig kaum

Möglichkeiten, vorher zu checken, ob ihr zueinander passt und bist rein auf Fotos und Kurzbeschreibung angewiesen. Unter Umständen wird die Fellnase per Flugpaten hierher geflogen, einzig weil Du der Organisation zugesagt hast, sie bei Dir aufzunehmen. Ihr verbringt ein paar Tage, Wochen oder sogar Monate zusammen und dann stellst Du im schlimmsten Fall fest, dass das nicht der Hund ist, den Du aufgrund der Beschreibung erwartet hast. Was ja auch irgendwie verständlich ist, schließlich weiß man ja nie, was so ein Vierbeiner schon erlebt hat und was der Umzug in ein fremdes Land und die ganzen neuen Eindrücke mit ihm machen. Ich sage nicht, dass es immer so kommen muss, vieles steht und fällt mit der Organisation und natürlich Dir. Ich freue mich über jede Fellnase, die raus aus der Hölle, rein in ein liebevolles Zuhause ziehen darf, und würde am Liebsten alle Tierhilfsorganisationen dieser Welt unter-stützen.

Ein wirklich wunderbares Beispiel ist Lilli, die mit vier Jahren von Fuerteventura zu Katrin nach Köln gezogen ist. Die kleine Dackel-Mischlingsdame wurde vermutlich von einem Auto angefahren und konnte seitdem ihre Hinterläufe nicht mehr benutzen. Welch ein Wagnis, oder? Ein erwachsener Hund mit all seinen Erfahrungen und Erlebnissen als Straßenhund und noch dazu behindert. Katrin hat das nicht gestört. Sie hat sich auf Anhieb in die Kleine verliebt und sie zu sich geholt. Kaum in Köln angekommen, haben sich die beiden auf den Weg in ein Tier-Sanitätshaus gemacht, wo Lilli einen, extra für die kurzen Dackelbeinchen ange-fertigten, Rollwagen bekommen hat. Das Ganze hat eine

Menge Geld gekostet, aber es hat sich mehr als gelohnt! Sie ist eine glückliche, kleine Fellnase, die jetzt wieder fast genauso toben und springen kann, wie gesunde Art-genossen. Und sie dankt es ihrem Frauchen mit unendlich viel Liebe und ganz viel Kuscheleinheiten.

Katrins Dackel-Mischlingsdame Lilli

Mir hat mal jemand gesagt, dass wir in Deutschland selbst genug Hunde in Not, also in Tierheimen oder Pflege-stationen, haben, und man nicht aus dem Ausland adop-tieren sollte. Das kann man sehen wie man will. Jedenfalls läuft die Adoption eines Tierheimhundes, den Du in aller Regel ja bereits schon eine Weile kennst und vielleicht sogar auch schon Gassi geführt hast, ähnlich wie bei der Adoption aus dem Tierschutz, die ich ja weiter oben schon beschrieben habe. Du erhältst die wichtigsten Infos zu dem Vierbeiner und musst Dich den Fragen der Mitarbeiter stellen, die natürlich herausfinden wollen und müssen, ob Du der Verantwortung gerecht werden kannst. Die Abgabe wird mit einem Schutzvertrag besiegelt und die Fellnase gehört Dir.

Wenn Du Dich für einen Hund entschieden hast, versuche Deinen zukünftigen Weggefährten so oft es geht, zu besuchen. Damit gibst Du ihm die Möglichkeit, schon einen zarten Faden des Vertrauens zu Dir aufzubauen, bevor Du ihn endgültig in Dein Leben holst. Mit ein bisschen Glück wird der Trennungsschmerz für den Kleinen, der ja seine bisherige Familie und Umgebung verlassen muss, dann nicht ganz so schlimm sein. Ich kann mich noch gut erinnern, wie Henry, ein Berner Sennen/Border Collie-Mix, zu meinen Eltern, Brüdern und mir gezogen ist. Wir haben ihn direkt bei unserem ersten Besuch in seinem damaligen Zuhause, einem Bauernhof, mitgenommen. Die ersten Nächte bei uns hat er dermaßen traurig geweint, dass wir uns vor lauter Mitleid gefragt haben, ob wir ihn zu seiner Familie zurückbringen sollen. Aus heutiger Sicht muss ich zugeben, wir waren nicht nur ziemlich unvorbereitet, sondern auch absolut unerfahren im Umgang mit Hunden. Zum Glück hat Henry sich nach ein paar nervenaufreibenden Tagen an uns gewöhnt, die Nächte wurden ruhiger und aus ihm ist ein großartiger Familienhund geworden. Meine Frieda dagegen, die wir mehrere Male besucht hatten, bevor sie bei uns einzog, hat sich in ihr Bettchen gekuschelt, nachdem sie zuerst alles mögliche dorthin geschleppt hatte, und hat dann geschlafen, als wäre sie nie woanders gewesen.

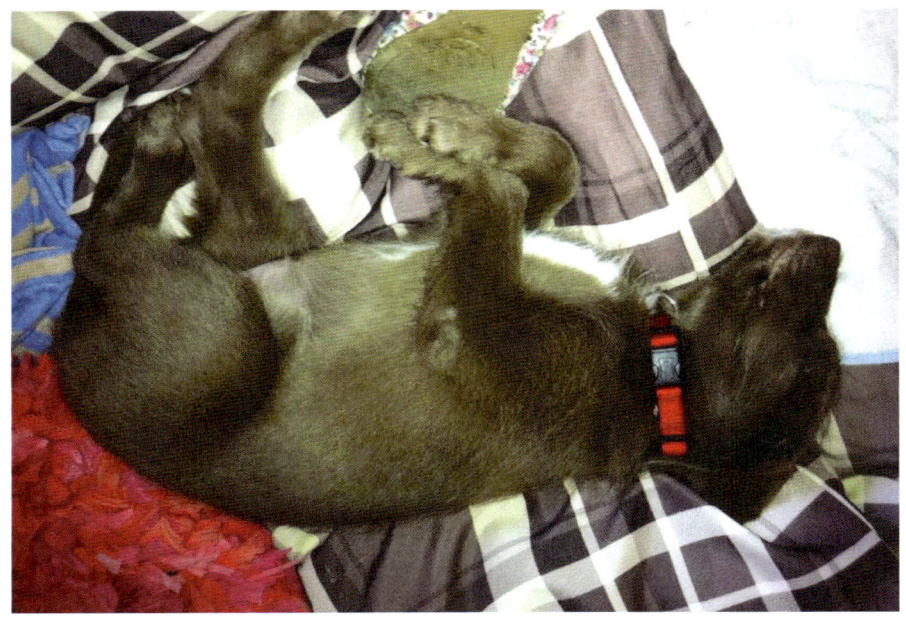

Frieda mit ihrem Sammelsurium

# KLEINE ENTSCHEIDUNGSHILFEN

Wie bereits erwähnt, solltest Du Deinen Hund nicht ausschließlich nach dem Aussehen, sondern auch nach seinem Charakter auswählen und natürlich darauf achten, dass Du seinen Rassebedürfnissen gerecht werden kannst. Aussehen folgt also auf Charakter und Körpereigenschaft. Doch keine Sorge, sobald eine Fellnase Dein Herz erobert hat, kann sie aussehen, wie sie will, es wird für Dich der schönste Hund auf der ganzen Welt sein.

Hast Du Dir denn schon überlegt, welche Charakter-eigenschaften Dein vierbeiniger Liebling mitbringen soll? Willst Du von ihm gefordert werden? Oder lieber beschützt? Oder etwa totgekuschelt? Oder von allem etwas? Im Folgenden findest Du die wichtigsten und prägnantesten Merkmale, die Vierbeiner so an sich haben:

- für Anfänger geeignet
- als Familienhund geeignet
- kinderlieb
- lernwillig
- sehr agil
- temperamentvoll
- sehr gehorsam
- ruhig
- eigenständig
- relativ leichtführig

- sanftmütig
- anpassungsfähig
- als Rettungshund geeignet
- anspruchsvoll in der Haltung
- ausgeprägter Jagdtrieb
- will stark ausgelastet werden
- als Wachhund geeignet
- liebt Kopfarbeit
- benötigt eine konsequente Erziehung

Als nächstes überlege Dir, was Du mit Deinem Hund vorhast. Brauchst Du einen Jagdgefährten? Oder einen Tanzpartner? Gehst Du gerne joggen? Oder suchst Du einfach einen treuen Wegbegleiter, der nicht viel mehr braucht als Liebe, Futter und Spaziergänge? Je nachdem, was Du mit Deinem Hund erleben magst, wie Du wohnst und wie viel aktive Zeit Du mit ihm verbringen kannst, hast Du die Auswahl zwischen Hunderassen, die

- klein, mittel oder groß sind
- für Agility geeignet sind
- nicht für Agility geeignet sind
- für Hundesport/Dogdancing geeignet sind
- nicht für Hundesport/Dogdancing geeignet sind
- Jagdtrieb besitzen
- keinen Jagdtrieb besitzen
- viel Auslauf benötigen
- wenig Auslauf benötigen

- gern schwimmen
- eine Aufgabe brauchen
- nicht unbedingt beschäftigt werden müssen
- viel Pflege bedürfen
- wenig Pflege bedürfen
- für eine Stadtwohnung geeignet sind
- in einem Haus mit Garten leben sollten
- wenig oder nicht haaren
- für Allergiker geeignet sind

Jutta und Norbert, meine Schwiegereltern, sind erst vor kurzem auf den Hund gekommen. Sie sind beide rüstige Endsechziger, die mit ihren zwei Katzen in einem Haus mit Garten in Waldnähe wohnen. Soweit die Ausgangssituation. Es musste jetzt also eine Rasse gefunden werden, die nicht jagt, nicht allzu groß und kräftig ist, nicht unbedingt permanent beschäftigt werden muss und die – weil die beiden relativ viel unterwegs sind – anpassungsfähig ist. Und so kam es, dass die kleine Bonnie, ein Cockapoo-Mädchen, bei ihnen eingezogen ist und bisher noch alle ordentlich auf Trapp hält. Eben ganz so, wie es sich für einen Welpen gehört.

Juttas und Norberts Cockapoo-Mädchen Bonnie

Cockapoo übrigens deshalb, weil diese Hybridrasse aus Cocker Spaniel und Zwergpudel als idealer Anfängerhund gilt, der mit seinem liebenswerten, verschmusten und cleveren Wesen recht leicht zu erziehen ist. Gewünscht hatten sich Jutta und Norbert einen Golden Retriever, der rein charakterlich sicher super gepasst hätte. Leider sind Goldies aber eben doch recht groß und kräftig, und somit für ältere Menschen eher schwer zu händeln. Das haben die beiden eingesehen und sind jetzt super glücklich mit ihrer Bonnie.

"Freude an einem Hund haben Sie erst,
wenn Sie nicht versuchen, einen halben Menschen
aus ihm zu machen. Ziehen Sie stattdessen doch
einmal die Möglichkeit in Betracht, selbst
zu einem halben Hund zu werden."

Edward Hoagland

# EINE HAARIGE ANGELEGENHEIT - DAS HUNDEFELL

Lang, kurz, gelockt, gewellt, borstig, immer weiter wachsend, viel, wenig, gar keines – es ist auf jeden Fall für jeden Geschmack etwas dabei. Da das Fell gemeinsam mit der Größe unweigerlich das offensichtlichste Merkmal ist, hast Du womöglich schon gewisse Präferenzen.

Viele Menschen entscheiden sich für einen Labrador. Nicht nur weil er ein süßes Gesicht und einen guten Charakter hat, sondern auch wegen seiner kurzen Haare, die nicht allzu viel Pflege bedürfen und wenig Schmutz machen. Dass dies ein

Trugschluss ist, wird ihnen schnell klar. Labradorhaare fallen - besonders zu Zeiten des Fellwechsels - nicht nur massenhaft aus, sondern haben noch dazu kleine Widerhaken an der Wurzel, die sich am Sofa, an der Matratze, dem Teppich und nicht zuletzt natürlich auch an Deiner Kleidung regelrecht festklammern und auch mit dem besten Staubsauger kaum zu entfernen sind. Da sind dann echte Profi-Hilfsmittel gefragt. Ist aber alles nicht so schlimm, wenn man während der Haarentfernprozedur immer mal wieder in die treuen Augen seines schwanzwedelnden Labbis schaut und spätestens dann genau weiß, warum man den Aufwand hier betreibt.

Jedenfalls solltest Du den regelmäßigen Besuch bei einem Hundefrisör fest einplanen, denn die Fellpflege gehört ebenso wie das richtige Futter oder auch die adäquate Beschäftigung und die geduldige Aufmerksamkeit zum Wohlbefinden Deines Hundes. Bitte schau' bei der Wahl des Hundefrisörs genau hin, denn jedes Fell bedarf einer besonderen Pflege. Eine falsche Behandlung kann zu langfristigen Schäden der Körperbehaarung Deines Lieblings führen, was durchaus Auswirkungen auf dessen Gesundheit haben kann.

Übrigens sind einige Hunde regelrechte Überraschungspakete, was das Fell angeht. Das ist besonders bei Mischlingen der Fall. Ich kann davon ein Lied singen: Friedas Mama ist ein schwarzer Labrador, der Papa ein weißer Königspudel. In ihrem Fall ergibt das dann einen braunen Labradoodle mit weißer Brust. So weit, so gut. Als ich sie abgeholt habe, hatte sie kurzes, glattes Fell, sah also eher wie ein Labrador-Welpe aus. Im Laufe der Zeit hat sie sich zu einem Wuschel aus halblangem, leicht bis stark gewelltem Haar entpuppt, weshalb ich sie auch liebevoll ‚Zottelliese' nenne. Jedenfalls sieht sie überhaupt nicht wie ein Labradoodle aus. Vielmehr fragen mich die Leute, ob sie ein Deutsch Drahthaar ist. Aber egal, wie sie aussieht, egal wie viel Haare sie verliert, für mich war, ist und bleibt sie das tollste und schönste Hundemädchen der Welt.

Frieda als Welpe und als erwachsenes Hundemädchen

# ÜBER KURZ ODER LANG –
# DIE EINZELNEN FELLTYPEN

Während bei uns Menschen aus einem Follikel nur ein Haar wächst, sind es bei Hunden gleich mehrere. So kommt dann auch die manchmal schier nicht zu bändigende Fellpracht zustande. Im Laufe der Jahrhunderte und durch viele Züchtungen bedingt, haben sich einige Fellvarianten entwickelt. Ich stelle Dir im Folgenden die verschiedenen Typen inklusive Beispielen vor, sodass Du Dir ein grobes Bild vom Pflegeaufwand machen kannst.

# LANGHAARIGE RASSEN
# MIT VIEL UNTERWOLLE

Da die Unterwolle dafür sorgt, dass die Hunde nicht frieren, macht es Sinn, dass zu den langhaarigen Rassen mit viel Unterwolle diejenigen gehören, die speziell für Kälte und Schnee gezüchtet wurden. Das sind unter anderem neben dem Husky, dem Deutschen Spitz, dem Golden Retriever, dem Bobtail und dem Altdeutschen Schäferhund auch japanische Rassen wie der Basenji und der Shiba Inu sowie der Australian Shepherd, der Malamute, der Collie, der Setter und der Chow-Chow. Auch der Elo, als Rasse leider nicht an-erkannt, gehört diesem Felltyp an.

Gabrieles Schäferhund-Border Collie-Mischling Xena

Solltest Du mit Deinen eigenen Haaren schon kaum etwas anfangen können, kannst Du davon ausgehen, dass Dich die Fellpflege dieser Rassen so richtig fordern wird. Wenn Du aber hingebungsvolles Bürsten, Kämmen und Striegeln liebst, freue Dich darauf, Deine Leidenschaft hier mindestens ein- bis zweimal pro Woche voll ausleben zu können und zu müssen. Als Ausrüstung benötigst Du zwei Bürsten: eine für die Unterwolle und eine für das tote Deckhaar. Außerdem einen Entfilzungskamm, denn es schleichen sich nur allzu gerne Knoten etc. ins unterwollte Langhaarfell sowie einen Striegel zur besseren Durchblutung der Haut und um den eigenen Talg besser zu verteilen.

Das alles hilft natürlich ungemein, ersetzt aber trotzdem nicht den regelmäßigen Besuch beim Hundefrisör.

# LANGHAARIGE RASSEN MIT WENIG BZW. KEINER UNTERWOLLE

Wenn Du jetzt denkst, dass dieser Felltyp weniger Arbeit macht, weil ja schließlich die Unterwolle fehlt – dem ist definitiv nicht so. Die feinen Deckhaare von Pudel, Malteser, Wasserhund, Bolonka Swenka, Yorkshire Terrier und Co. wollen genauso häufig gebürstet werden, denn sie verfilzen nur allzu leicht. Und auch wenn diese Rassen praktischerweise kaum Haare verlieren, so wachsen die Haare trotzdem fröhlich immer weiter und müssen deshalb regelmäßig, am Besten von einem Profi, gekürzt werden.

Es steht also auch hier eine regelmäßige Fellpflege an, für die Du sogar noch mehr Equipment brauchst: einen Entfilzungskamm, eine Bürste mit Naturborsten, um Schmutz zu entfernen und Glanz ins Fell zu zaubern, einen groben Kamm zum Entwirren, einen Striegel für die Haut und eine Zupfbürste gegen Verfilzungen und Knoten.

Pudel-Dame Lisa

# KURZHAARIGE RASSEN
# MIT VIEL UNTERWOLLE

Wie Du Dir jetzt bestimmt schon denken kannst, ist die Fellpflege von Hunden mit kurzem Fell und viel Unterwolle im Vergleich zu den langhaarigen Fellnasen mit viel Unterwolle nicht ganz so aufwändig. Worauf Du aber bei einem Labrador, Rottweiler, Leonberger, Mops, Broholmer oder Appenzeller Sennenhund auf jeden Fall achten musst, ist ihn niemals zu scheren. Bei der Schur wird lediglich das schützende Deckhaar gekürzt, die tote, unnötige Unterwolle bleibt auf der Haut liegen und kann mit der Zeit zu einem echten Problem werden, ebenso wie das dann zu kurze

Julias Broholmer-Bub Elvis

Deckhaar, das seine Aufgaben nicht mehr richtig erfüllen kann. Also ist Trimmen angesagt und das macht ein Groomer immer noch am Professionellsten und übrigens auch am Schnellsten.

Trotzdem solltest Du auch hier regelmäßig, vor allem im Fellwechsel, mit einer sogenannten Zupfbürste selbst Hand anlegen. Falls Dein Vierbeiner sehr feines Fell hat, nutze lieber einen Striegel da Zupfbürsten oft etwas gröber sind.

# KURZ- UND GLATTHAARIGE RASSEN MIT WENIG ODER KEINER UNTERWOLLE

Hier hätten wir sie endlich: die Hunde mit eher pflegeleichtem Fell. Dazu gehören der Dobermann, sämtliche Doggenarten, der Viszla, der Boxer, der Bullterrier, der Dalmatiner, der Rhodesian Ridgeback, der Weimaraner, der Glatthaar-Foxterrier und der Kurzhaardackel etc. Diese Rassen verlieren zwar auch Haare, aber es genügt in aller Regel vollkommen, Dir einmal pro Woche einen Pflegehandschuh anzuziehen und Deiner Fellnase damit eine wohltuende Massage zu gönnen, bei der praktischerweise auch gleich das ganze tote Deckhaar herausgebürstet wird. Du kannst natürlich auch eine Gumminoppenbürste oder einen Striegel verwenden. Was Du nicht machen solltest, ist sie häufig zu baden. Wenn sich Dein kurz- und glatthaariger Mitbewohner aber unheimlich gern im Schmutz suhlt und Du

Nadjas Dalmatiner-Mädchen Coco

ihm diese Freude nicht nehmen willst, nimm nach der Schlammschlacht einfach ein feuchtes Mikrofasertuch und wische ihn damit ab.

Obwohl bei diesen Hunden das Fell ganz eng am Körper anliegt, sind sie vor Kälte längst nicht so geschützt, wie diejenigen mit viel Unterwolle. Das bedeutet, dass Du Deiner Fellnase mit fehlender Unterwolle ein schickes Winter-Outfit kaufen darfst. Oder zwei oder drei… Es gibt schließlich viel Auswahl, vom Pulli bis zum Mantel.

Was im Winter der Pulli, ist im Sommer die Sonnencreme. Naturgemäß sind diejenigen Rassen mit hellem oder wenig bis keinem Fell besonders anfällig für einen schmerzhaften Sonnenbrand. Speziell der Dogo Argentino, die weiße Bulldogge, der Dalmatiner, Boxer, Whippet, Beagle und Nackthund, müssen an verschiedenen Stellen mit Sonnencreme LSF 30 oder höher geschützt werden. Das betrifft vor allem die Ohren, die Nase und hier insbesondere den Nasenrücken, den Bereich um die Augen und den Rücken. Falls Deine Fellnase gern den Bauch in die Sonne streckt, vergiss nicht, auch den einzucremen. Grundsätzlich solltest Du jedoch sowieso darauf achten, dass Dein Hund kein allzu ausgedehntes Sonnenbad nimmt, es tut ihm und seinem Organismus einfach nicht gut. Passiert doch einmal ein Sonnenbrand, lege kühle Tücher auf die geröteten Stellen oder verwende eine kühlende Salbe.

# RAUHAARIGE RASSEN

Welche Rasse fällt Dir am Ehesten ein, wenn von rauhaarigen Hunden die Rede ist? Na klar, der Rauhaardackel. Doch es gibt noch weitere typische Vertreter dieser fellpflegeleichten Fellnasen und das sind die Foxterrier und die Schnauzer. Und auch der Deutsch Drahthaar und der West Highland White Terrier gehören dazu. Bei manchen Rassen gibt es sogar mehrere Fellvarianten wie beim Dackel oder dem Parson Jack Russell Terrier, die beide sowohl glatt- als auch rauhaarig sein können.

Ursulas West Highland White Terrier-Dame Luna

Der große Vorteil einer rauhaarigen Fellnase, im Vergleich zu ihrem glatthaarigen Rassekumpel, ist, dass sie deutlich weniger haart und ihr Fell kaum besonderer Pflege bedarf. Neben dem regelmäßigen Hundefrisör-Besuch zum Trimmen genügt es vollkommen, Schmutz und Staub mit einer weichen Naturborsten-Hundebürste auszukämmen.

## STOCKHAAR

Fell, das sowohl glatt als auch rauhaarig ist, nennt man Stockhaar. Das kommt zum Beispiel beim Jack Russel Terrier vor, der an den meisten Stellen glattes, weiches und an einigen wenigen Körperpartien raues Fell hat. Aber keine Sorge, der Unterschied ist zwar spürbar aber längst nicht so eklatant, wie man bei den Bezeichnungen ,glatt und ,rau' denken könnte.

## NICHTHAARENDE RASSEN

Ja, die soll es geben und gibt es auch tatsächlich. Mein Versuch, mir einen nichthaarenden Vierbeiner ins Haus zu holen, ist allerdings kläglich gescheitert, wie ich ja schon ganz zu Anfang des Buches erzählt habe. Ist mir aber völlig egal, ich würde Frieda gegen nichts in der Welt eintauschen. Warum auch? Keine Haare auf dem Boden machen mich ebenso wenig glücklich, wie keine Erdbeeren in meiner Margherita.

Sandras Parson Jack Russell-Mädchen Enna

Zu den nichthaarenden Rassen gehören neben den Hybrid-rassen Labradoodle, Goldendoodle und Cockapoo auch Pudel, Shi Tzu, Lagotto Romagnolo, Spanischer und Portu-giesischer Wasserhund, Yorkshire Terrier und einige mehr. Ihnen allen wird auch nachgesagt, dass sie hyperallergen seien. Hier scheiden sich allerdings die Geister, denn die meisten Allergiker reagieren nicht auf das Tierhaar an sich, sondern vielmehr auf bestimmte Substanzen an der Haarwurzel bzw. auch auf die Hautschuppen. Die gute Nachricht ist jedoch, dass die typischen Symptome wie Niesen, Husten und juckende Augen bei nichthaarenden Fellnasen weitaus seltener auftreten.

Während ich die Infos zu diesem Kapitel recherchiere, stelle ich wieder einmal fest, wie wenig labradoodle-typisch doch meine Frieda ist. Offenbar gibt es beim Labradoodle der F1-Generation (direkte Nachkommen aus der Verpaarung Pudel und Labrador) zwei Haartypen: drahtig oder wellig. Wenn ich mir meine Zuckerschnute so anschaue, kann ich ganz klar drahtiges UND welliges Fell ausmachen. Und als ob das nicht schon reichen würde – nein, sie hat auch Körperstellen mit babyweichem Glatthaar. Was soll man da noch sagen? Immerhin reagieren Hundehaarallergiker tatsächlich gar nicht auf sie, und wenn doch, dann nur sehr moderat. Ein bisschen Labradoodle steckt also offensichtlich doch in ihr.

Frieda ist jedenfalls ein gutes Beispiel dafür, dass Hunde individuelle, nicht programmierbare Lebewesen sind, die trotz aller Züchtungen auch mal völlig aus der Reihe tanzen können. Sehr beruhigend, wie ich finde.

Portugiesischer Wasserhund Annie

"Ohne ein paar Hundehaare ist man nicht richtig angezogen."

Unbekannter Verfasser

# RÜDE ODER HÜNDIN – DAS IST HIER DIE FRAGE

Bist Du bei der Wahl Deines Traumhundes schon weitergekommen? Dann geht es jetzt daran zu entscheiden, ob Du einen Rüden oder eine Hündin magst.

Falls Du gehört hast, dass die Art der Beziehung zu Deinem Hund mit dessen Geschlecht zu tun hat, vergiss das bitte ganz schnell wieder. Wie intensiv Eure Bindung wird, hängt in erster Linie von Deinem Engagement, aber auch von der Persönlichkeit des Hundes ab. Rüden können Dominanzverhalten an den Tag legen, Hündinnen können extrem zickig sein. Können, müssen aber nicht. Verbringe möglichst viel Zeit mit dem Welpen, bevor Du ihn nach Hause holst, und frage, wenn möglich, nach den Wesenseigenschaften der Hundeeltern. Das kann hilfreiche Aufschlüsse über den Charakter Deines zukünftigen Hundes geben.

Hier findest Du die groben Unterschiede zwischen Hundemännlein und –weiblein:

# RÜDE

Zunächst einmal kannst Du davon ausgehen, dass ein Rüde im Vergleich zu seinen weiblichen Rassegenossinnen meist etwas größer und schwerer ist.

Mit Eintritt in die Pupertät (etwa zwischen dem fünften und dem neunten Lebensmonat), kann Dein männlicher Hunde-Teenie plötzlich damit anfangen, auf allen möglichen Gegenständen aufzureiten. Dabei macht er weder vor Deinem Bein, noch Deinem Lieblingskissen oder dem Stoffhasen Deiner Tochter Halt. Dieses Gehabe kann zweierlei Bedeutung haben: entweder es kommt der Macho in ihm heraus und er will seiner Umwelt imponieren, oder aber er ist gerade gestresst und versucht so, die Situation zu kompensieren. Je besser Du Deinen Hund bis dahin schon kennst, desto leichter wird es Dir fallen, ihm diese 'Unart' abzugewöhnen bzw. ihn auf andere Art und Weise aus der Stresssituation zu holen.

Nadjas Weimador-Teenie Castor

Wie auch bei uns Zweibeinern ist die Pubertät eine schwierige Zeit, in der sich Mensch wie Hund erst finden müssen. Deshalb kann es auch passieren, dass Dein Rüde gestern noch völlig relaxt an einem anderen Rüden vorbei spaziert ist und heute bei dem gleichen Hund einen Riesenaufstand probt. Und das obwohl der andere Rüde völlig desinteressiert ist, oder bis zu diesem Moment zumindest war. Machogehabe à la bonheur, das zwar übel klingt, aber keinesfalls zu bösartig verstanden werden sollte. Meist sind das lautstarke Auseinandersetzungen, in der sich die Hunde sozusagen positionieren, also ihre Stellung verteidigen wollen. In den seltensten Fällen enden solche Aufeinandertreffen aber mit ernsthaften Raufereien. Seid ihr in einer solchen Situation, versuche entspannt zu bleiben, sodass Dein eigener Stress nicht auch noch auf Deinen keifenden, halbstarken Vierbeiner übergeht. Klare Kommandos und souveränes Agieren helfen ihm aus der Situation zu finden und ein freundlicher Gruß an das Herrchen oder Frauchen des 'Gegners' kann dazu beitragen, dass zumindest die Zweibeiner bei einem weiteren Aufeinandertreffen einen freundlichen Umgang miteinander pflegen.

Wird Dein Rüde dann so langsam erwachsen und macht sein Pipi nicht mehr, wie seine weiblichen Artgenossinnen, im Sitzen, sondern ganz männlich auf drei Beinen, wird fleißig angefangen zu markieren. Das kann dann auch schon mal bedeuten, dass Du alle drei Meter stehenbleiben musst, was durchaus lästig sein kann. Auch hier gilt: je besser das Verhältnis zwischen Dir und Deiner Fellnase, desto eher kannst Du ihm beibringen, wo das Markieren erlaubt ist und wo nicht.

Als ich von meiner lieben Lektorin Nadja das Manuskript zu diesem Buch zurückbekam, hatte sie mir eine persönliche Notiz beigelegt. Nachdem sie ihre Dalmatiner-Dame Coco über die Regenbogenbrücke gehen lassen musste, entschied sie sich nach einiger Zeit für einen Weimador, einem Hybrid zwischen Weimaraner und Labrador. Der bildschöne Castor befindet sich gerade mitten in der Pubertät und raubt ihr den letzten Nerv. Er hat vor lauter Hormonen vergessen, wie er heißt und auch gründlich einstudierte Grundkommandos aus seinem Gedächtnis gestrichen. Nadja durchlebt diese anstrengende Phase des Erwachsenwerdens jetzt schon zum zweiten Mal auf eine derart intensive Art und Weise, dass sie mich in der Notiz bittet, Dich auch auf den worst case, also den Pubertäts-Super-GAU vorzubereiten. Da Frieda völlig cool durch diesen Teil ihres Lebens spaziert ist, kann ich da leider, oder vielmehr zum Glück, nicht mitreden. Jedenfalls würde Nadja ihren Castor zur Zeit am Liebsten auf den Mond schießen oder notfalls auch zur Adoption freigeben. Wäre da nicht diese tiefe, bedingungslose Liebe, die die beiden verbindet. Sie weiß, dass er nichts dafür kann, und dass auch diese Phase irgendwann vorbei sein wird und schämt sich für ihre Gedanken, ist sich aber gleichzeitig auch bewusst, dass dieses Wechselbad der Gefühle nur allzu menschlich ist. Sie zehrt von ihrer Erfahrung und freut sich auf die Zeit, wenn sich die Hormone endlich eingependelt haben. Ihr Tipp für solche Fälle: „Es wird alles besser! Und geht vorbei! Halte durch!"

Was mit einem Rüden auf jeden Fall immer passieren kann, ist, dass er bei einer läufigen Hündin regelrecht den Verstand verliert. Er verleiht seiner Sehnsucht dann lautstark Ausdruck, schnüffelt wie wild und kann sich auf nichts anderes mehr konzentrieren. Womöglich büchst er sogar aus, nur um seine Angebetete zu finden. Selbst kastrierte Rüden zeigen ein solches Verhalten, das im Übrigen nicht nur für den Hundehalter, sondern auch für den Rüden selbst unglaublich stressig ist. Man sollte also mit viel Geduld sein Möglichstes tun, den liebestollen Vierbeiner abzulenken.

Auch wenn Du vielleicht schon gehört hast, dass Rüden schwerer zu händeln sind als Hündinnen, lass' Dich durch solche Aussagen bitte nicht verunsichern. Fest steht, dass Rüden sich zwar häufiger von ihren Hormonen zu Unsinn, sprich zu Ungehorsam, verleiten lassen, aber auch hier steht und fällt alles mit der richtigen Erziehung, wie auch mit dem Wesen des Hundes.

Es lässt sich also nicht pauschal sagen, dass man es mit Rüden schwerer hat. Sie sind, wie im Übrigen auch Hündinnen, individuelle Wesen, die - je nach Charakter, Erziehung und hormoneller Situation - mal besser und mal nicht so gut gehorchen. Vorurteile, dass Hündinnen verschmuster sind als Rüden, sind, was sie sind: Vorurteile, die man auf keinen Fall überbewerten darf. Wie schon erläutert, sind zuallererst die Rasseeigenschaften, das Wesen, die Erziehung und die Bindung zu Deinem Hund ausschlaggebend.

# HÜNDIN

Vom Körperbau sind Hündinnen meist zierlicher als Rüden und haben häufig auch weniger Fell. Ansonsten sind körperliche Unterschiede kaum auszumachen.

Wenn Deine Wahl auf einen weiblichen Welpen fällt, stelle Dich darauf ein, dass die Hündin im Alter von sechs bis zwölf Monaten das erste Mal läufig wird, was sich fortan etwa alle sechs bis acht Monate wiederholt, sofern Du Dich nicht für eine Kastration entscheidest. Diese sollte jedoch frühestens nach der ersten Läufigkeit durchgeführt werden, um der Hündin die Möglichkeit zu geben, wenigstens einmal den kompletten Hormonzyklus zu durchlaufen. In den drei Wochen der Läufigkeit hast Du als Halter eine ganz besondere Verantwortung, solltest Du keinen vierbeinigen Nachwuchs wollen. Dies kann eine nervenaufreibende Zeit für Dich, die Hündin, aber auch die Rüden in der Umgebung sein. Daher ist es empfehlenswert, möglichst abseits aller gern genutzten Spazierwege zu gehen, damit Dein liebestolles Hundemädchen den nicht weniger sehnsüchtigen Verehrern nach Möglichkeit gar nicht erst begegnet. Oder aber Du gehst zu Zeiten, an denen erfahrungsgemäß auf Deiner normalen Laufroute nicht viel los ist. Führe sie auf jeden Fall während dieser Zeit immer an der Leine, denn bekommt sie den unwiderstehlichen Duft eines Rüden in die Nase, wird sie sich in dessen starke Arme werfen und sich ihm anbieten. Kein unkastrierter Rüde lässt sich diese unverhoffte Möglichkeit entgehen und bis Du ihr

Prinzessin Frieda auf der Couch

nachgerannt bist, stecken die beiden schon mitten im Welpenmachen. Dann kannst Du nur noch zuschauen und abwarten. Versuche erst gar nicht, den Rüden von ihr herunterzuziehen, er steckt für die Dauer des Aktes regelrecht in Deinem Mädchen fest und eine Trennung hat schmerzhafte, wenn nicht sogar lebensgefährliche, Folgen für beide Tiere.

Bei einigen Hündinnen kann es etwa drei bis 12 Wochen nach der Läufigkeit zu einer Scheinträchtigkeit kommen. Hiervon sind in der Regel eher kleinere Hunderassen betroffen, doch auch größere Artgenossinnen sind nicht davor gefeit. Während dieser Zeit gaukelt ihr Hormonzustand der Hündin vor, dass sie trächtig ist. Sie kann dann körperliche und psychische Auffälligkeiten zeigen. Beispielsweise kann das Gesäuge anschwellen und sogar Flüssigkeit produzieren. Auch ein Nestbauverhalten kann sich entwickeln, die Hündin „bemuttert" dann Gegenstände und verteidigt ihre imaginären Welpen. Aggressives oder aber depressives Verhalten ist ebenfalls möglich. Unterstütze Deine Hündin in dieser Zeit bestmöglich, denn dieser Zustand bedeutet psychischen Stress und nicht selten auch körperliche Schmerzen. In diesem Fall solltest Du ernsthaft über eine Kastration nachdenken, um Deinem vierbeinigen Mädchen künftig weitere Qualen zu ersparen.

# IST DEIN ZUHAUSE WELPENFIT?

Ja, Hundekinder sind ausgesprochen neugierig. Ähnlich wie Menschenkinder wollen sie die Welt entdecken und ahnen nichts von den Gefahren, die dabei auf sie lauern. Es liegt daher an Dir, sämtliche Risiken, so gut es eben geht, zu minimieren.

Wenn Du ganz sichergehen magst, dass Du alles richtig vorbereitest, kannst Du auch einen Hundetrainer schon vor Einzug der Fellnase bitten, Dich dabei zu beraten, Dein Zuhause welpensicher zu machen.

Folgendes sollte Dir bewusst sein:

Ein Hund macht nicht nur Freude, sondern auch Schmutz. Er verliert Haare, was insbesondere beim jährlichen Fell-wechsel nicht zu unterschätzen ist. Er tritt sich nicht die Füße an der Schmutzfangmatte ab und schüttelt sich besonders gern, wenn er pitschnass nach dem Spaziergang im Regen zur Tür hereinkommt. Nach dem Wassertrinken benutzt er keine Serviette, um sich Wasserreste abzuwischen, sondern trottet fröhlich tropfend quer durch die Wohnung. Und da Du vermutlich nicht permanent mit Staubsauger, Handtuch und Wischmop bewaffnet hinter ihm herlaufen magst, solltest Du Dich mit dem Gedanken anfreunden, nicht mehr vom Boden essen zu können. Was ja auch gar nicht sein muss, da Du bestimmt einen Tisch und Geschirr hast.

Nicht nur wir Menschen sind Gewohnheitstiere, auch unsere vierbeinigen Freunde lieben es, ihr Futter stets an ein und demselben Platz zu sich zu nehmen. Schau doch am Besten mal in Deiner Küche, ob sich da die Futterstation mit Trinknapf unterbringen lässt. Jedenfalls solltest Du ver-meiden, Deine Fellnase dort futtern zu lassen, wo viel Hektik ist, bzw. sie abgelenkt werden kann, wie beispielsweise im Flur.

Ein Hund braucht ein Plätzchen, an das er sich zurückziehen kann. Du musst also gegebenenfalls Möbel rücken oder Dich von gewissen Dekoelementen, die auf dem Boden stehen, verabschieden. Richte ihm eine Kuschelecke ein, in der sein Bett steht und von wo aus er trotzdem den ganzen Raum im

Frieda, der begossene Labradoodle

Blick haben kann. Das erleichtert Dir später auch ihm beizubringen, auf sein Bettchen zu gehen, wenn Du es möchtest, weil er trotz allem immer noch mit dabei ist. Übrigens haben Hunde ein großes Schlaf- und Ruhebedürfnis. Rechne damit, dass Dein Welpe pro Tag ca. 20 Stunden schlafen bzw. ruhen wird. Ist er erwachsen, reduziert sich der Bedarf auf ca. 17 Stunden täglich. Gönne Deinem Hund diese Ruhezeiten, er braucht sie zur Regeneration und um Kraft zu sammeln.

Fellnasen gehen gern auf Erkundungstour. Insbesondere Welpen sind daher gefährdet, Treppen hinunterzufallen. Sie erkennen die Gefahr nicht und folgen ihrer Neugierde. Achte daher darauf, Treppenauf- und abgänge vor allem in der Anfangszeit zu versperren. Hierfür eignen sich gut Treppengitter, die man auch einsetzt, wenn man ein Kleinkind zuhause hat. Sobald die Fellnase gelernt hat, wie sie die Treppen am besten bezwingt, kannst Du auf diese – auch für uns Menschen - doch recht hinderlichen Hilfsmittel wieder verzichten. Allerdings bleibt hierzu noch zu sagen, dass Treppenlaufen den Gelenken und der Wirbelsäule Deines Hundes schadet. Du solltest also möglichst darauf achten, dass auch der erwachsene Hund keine unnötigen Treppenspaziergänge unternimmt.

Damit Du Deinem Welpen nicht permanent hinterherlaufen musst, schaffe ihm einen Bereich, in dem er sich gefahrlos bewegen kann. Am Besten in einem Raum, in dem weder das teure Parkett, noch der wertvolle Perserteppich liegen, denn es kann in der Anfangszeit immer wieder mal zu einem unplanmäßigen Pfützchen oder gar Häufchen kommen.

Hunde knabbern gern, besonders während dem Zahnwechsel, und sind dabei ziemlich rücksichtslos. Sämtliche herumliegenden Gegenstände laden Deinen Welpen geradezu ein, darauf herumzuknabbern. Bei einigen kann es einfach nur ärgerlich oder auch teuer werden. Andere, wie beispielsweise Kabel, können Lebensgefahr bedeuten. Solltest Du also lose liegende Kabel nicht welpensicher verdecken oder hochlegen können, achte bitte konsequent darauf, dass der Kleine gar nicht erst auf die Idee kommt, das Kabel als sein Spielzeug zu betrachten.

Grundsätzlich solltest Du Dein Zuhause so ausrichten, als würde ein Kleinkind bei Dir einziehen. Das bedeutet zum Beispiel auch, dass Putzmittel, Farbeimer, Tabletten, Batterien, Zigaretten, Süßigkeiten, Kerzen etc. nicht offen herumliegen dürfen. Du kannst Dir nie sicher sein, auf welche Ideen der Kleine in einem unbeobachteten Moment kommt. Daher ist vorsorgen besser als nachsorgen.

Solltest Du Kinder haben, sorge bitte dafür, dass keine Spielzeuge, Malbücher, Buntstifte, Kuscheltiere etc. offen herumliegen. Solche Gegenstände sind für einen Welpen nahezu unwiderstehlich und Du kannst nun mal nicht permanent und ohne Unterbrechung nach ihm schauen. Mal von der Gesundheit des Welpen abgesehen, werden es auch Deine Kinder begrüßen, wenn ihre Habseligkeiten nicht kurz und klein geknabbert und gerissen werden.

Tinas Zwergschnauzer-Dame Daisy

Und wenn Du sowieso schon dabei bist, räume sicherheitshalber auch gleich sämtliche Gegenstände, die Dir lieb und teuer sind, vorübergehend weg. Dazu gehören im Übrigen auch Schuhe, Handtaschen und alles andere, was man gerne mal in Reichweite eines Hundebabys vergisst.

Da einige Pflanzen durchaus giftig sind, stelle diese für die erste Zeit dorthin, wo die kleine Fellnase gar nicht erst hinkommt. Dasselbe gilt für Pflanzen im Garten. Solltest Du dort giftige Pflanzen haben, zäune diese bitte ein. Und mache Dich darauf gefasst, dass der Kleine auf die Idee kommt, buddeln zu wollen. Wenn möglich, richte ihm ein Eck ein, wo er nach Lust und Laune mit Erde um sich werfen darf.

Apropos Garten: Falls Du einen Teich oder Swimmingpool hast, lass' den Welpen niemals unbeaufsichtigt draußen spielen. Oder aber Du stellst Zäune auf. Die kleinen Fellnasen haben einfach noch nicht genug Kraft, um schlimmstenfalls stundenlang herumzuschwimmen oder sich selbstständig aus dem kühlen Nass herauszuziehen. Wenn er unbedingt schwimmen möchte, sei anwesend und beobachte ihn. Oder informiere Dich, wo in Deiner Nähe ein Gewässer ist, an dem er seiner Leidenschaft nachgehen kann. Natürlich ebenfalls immer unter Aufsicht.

Ein Hund bevorzugt Grünflächen, um sein Geschäft zu verrichten. Wenn Du also inmitten einer Großstadt wohnst und im Umkreis von 15 Minuten kein grüner Fleck zu erreichen ist, sind das nicht die besten Voraussetzungen, um den Hund mal kurz rauszulassen, weder für die Fellnase noch für Dich. Für längere Spaziergänge kann man ja gerne längere Wege in Kauf nehmen, um zum Park, auf's Feld oder in den Wald zu kommen. Oder aber man steigt ins Auto, auf's Fahrrad oder wie auch immer Du Dich fortbewegst: Hauptsache Dein Hund kann sich ordentlich austoben und nach Herzenslust schnuppern und seine Welt erkunden.

Falls in Deinem Haushalt bereits Katzen leben, solltest Du darauf achten, deren Futter so zu platzieren, dass der Hund nicht daran kommt. Nicht allein deshalb, weil die Katzen sonst möglicherweise in kürzester Zeit zu abgemagerten Stubentigern werden, sondern auch, weil Katzenfutter nicht die ernährungstechnischen Bedürfnisse Deines Hundes deckt. Erst recht nicht die eines Welpen. Hinzu kommt, dass Du natürlich auch Rücksicht auf die Katzen nehmen solltest, die einen Rückzugsort benötigen, an dem sie hundefrei ihr Katzen-Dasein genießen können.

# CHECKLISTE
## "IST DEIN ZUHAUSE WELPENFIT?"

• Hundehaltung erlaubt?
• Platz zum Aufstellen des Hundebetts?
• Teure Teppiche eingerollt?
• Wertvolle Deko weggeräumt?
• Ruhigen Futterplatz gefunden?

- Treppen gesichert?
- Kabel gesichert?
- Giftige Pflanzen weggestellt?
- Garten eingezäunt?
- Teich eingezäunt?
- Grünfläche in der Nähe?
- Eigenen Raum für Katzen geschaffen?

Übrigens muss nicht nur Dein Zuhause welpenfit gemacht werden, sondern auch Dein Auto, insofern Du eines hast. Da geht es zunächst einmal um das Praktikable. Fährst Du einen schnittigen Sportwagen, kommt wohl kein allzu großer Hund in Betracht, sondern eine Rasse, die klein genug ist, um es sich im Beifahrer-Fußraum gemütlich zu machen. In dem Fall wird dann ganz schnell aus einem Zweisitzer ein Eineinhalbsitzer, denn wirklich Platz für einen menschlichen Beifahrer gibt es dann eher nicht mehr.

Je nachdem, wie Du den Transport Deiner Fellnase planst, bzw. welche Möglichkeiten Dein Auto bietet, hast Du verschiedene Optionen. Von Box im Kofferraum über Box auf dem Rücksitz, bis zu Trenngittern, Sicherheitsgurten und speziellen Brustgeschirren. Oder Du lässt die Fellnase frei im Kofferraum mitfahren, fast alles ist möglich. Frage bei Deinem Autohändler nach Hundeausstattung oder informiere Dich anderweitig. Achte jedoch immer darauf, dass die Maßnahmen auch wirklich sicher sind und Du die gesetzlichen Vorgaben einhältst.

Außerdem solltest Du Dich jetzt schon mal an den Gedanken gewöhnen, dass Dein Auto unweigerlich zu einem Hunde-auto wird. Das heißt: Haare, Sand, Sabber an der Scheibe, Gras, Blätter, Matschspuren und Einiges mehr wirst Du trotz aller Reinigungsbemühungen immer dabei haben. Ich empfehle auf jeden Fall, Dir eine Fusselrolle ins Auto zu legen. Wie oft war ich schon geschniegelt und gestriegelt auf dem Weg zu einem wichtigen Termin und habe beim Aussteigen festgestellt, dass an meinen Klamotten ein Büschel Frieda hängt. Natürlich fein säuberlich über Ober- und Unterteil verteilt. Nachdem ich die ersten Male klägliche Versuche unternommen habe, die Haare einzeln zu entfernen, kam ich irgendwann auf die Fusselrolle, die bis heute einen Stammplatz neben Parkscheibe und Eiskratzer hat.

"Gib dem Menschen einen Hund und seine Seele wird gesund."

Hildegard von Bingen

# JETZT GEHT'S AN'S SHOPPEN

Bist Du mit Deiner Entscheidung schon ein Stück weiter? Dann darfst Du jetzt nach Herzenslust shoppen! Denn Deine Fellnase braucht nicht nur Dich und ein Zuhause, sondern auch Einiges an Ausstattung und Utensilien. Und das sollte natürlich alles schon vorhanden sein, bevor der Welpe bei Dir einzieht.

Wenn Du Deinen Hund von einem Züchter holst, gibt er Dir normalerweise eine sogenannte Erstausstattung mit. Diese besteht aus Halsband, Leine und einem gewissen Vorrat an dem bisher gefütterten Futter. Du kannst das Futter später natürlich umstellen, jedoch sollte der Kleine nach all der Umzugsaufregung nicht auch schon gleich ungewohntes Futter bekommen. Gib ihm über die Eingewöhnungsphase das Gewohnte und, falls Du zu einer anderen Sorte wechseln magst, beginne erst danach damit, das Neue mit dem Alten zu mischen, um ihn so sanft und mehr oder weniger unbemerkt an seine neue Nahrung zu gewöhnen.

Bei der Wahl des richtigen Futters ist es übrigens wichtig, dass Du Dich mit den ernährungstechnischen Bedürfnissen Deines Hundes auseinandersetzt und diese mit den Inhaltsstoffen der unzähligen Hundefuttersorten abgleichst. Ein verschmustes Schoßhündchen benötigt anderes Futter als ein muskelbepackter Jagdhund. Bedenke bitte: je gesünder Du Deinen Hund ernährst, desto besser. Und dabei muss nicht immer das teuerste Futter im Regal das Beste sein. Beschäftige Dich ausgiebig mit diesem Thema, frage Deinen Hundetrainer oder andere Hundehalter, aber lass Dich nicht verwirren. Dein Vierbeiner wird es Dir danken.

# HALSBAND ODER GESCHIRR?

Viele Hundetrainer bestehen in ihren Trainingseinheiten auf das Tragen eines Geschirrs, und das aus gutem Grund. Halsbänder können schnell zur Gesundheitsgefährdung werden. Zieht der Hund stark, kann es zu Quetschungen der Luftröhre kommen. Rennt er in die Leine, werden seine Halswirbel einer großen Belastung ausgesetzt. Dasselbe gilt, wenn man ihn ruckartig von etwas fernhalten will. Diese Belastungen können schnell langfristige und schmerzhafte Schäden zur Folge haben. Außerdem kann sich Deine

Fellnase auch relativ leicht aus einem Halsband winden. Dass er dann seine Chance ergreift und beispielsweise über eine stark befahrene Straße rennt – darüber wollen wir erst gar nicht nachdenken.

Beim Kauf eines Geschirrs solltest Du darauf achten, dass die Fixierungsschnalle möglichst hinten am Geschirr angebracht ist. Damit schonst Du Hals- und Brustwirbel, falls Dein Hund in die Leine springt. Das Material sollte außerdem weich und gepolstert sein. Hundegeschirre gibt es in unzähligen Variationen, von der Farbe über das Material bis hin zum komfortablen An- und Ausziehen.

Solltest Du ein Halsband bevorzugen, achte bitte darauf, dass Du nicht nur nach Farbe oder Muster auswählst, sondern auch nach Tragekomfort. Am Besten sind breite Halsbänder mit Polsterung und einem sicheren Verschluss.

Gar nicht gut sind Kettenhalsbänder und noch schlechter sind sogenannte Dressurhalsketten, die mit ihren zum Hals hin gebogenen Stacheln oder Krallen den Hund zu mehr Gehorsam zwingen sollen. Wer seinem Vierbeiner so etwas anzieht, ist es nicht wert, einen Hund zu halten, sorry!

Eine gute Idee ist es auf jeden Fall, Deinem Hund einen Adressanhänger am Geschirr oder Halsband zu befestigen. Oder dieses entsprechend besticken zu lassen. So kann im Fall der Fälle derjenige, der ihn findet, schnell Kontakt zu Dir aufnehmen.

# HUNDELEINE

Hast Du Dich für einen Jagdhund entschieden, wird die Schleppleine Dein ständiger Begleiter sein. Diese gibt es in unterschiedlichen Farben, Materialien, Stärken und Längen. Auch wenn Du am Anfang das Gefühl haben wirst, dass Du Dich mitsamt Leine ständig um Bäume, Sträucher, andere Hunde und Mitgassigeher wickelst, sei Dir sicher: Übung macht den Meister. Du wirst schnell herausfinden, wie Du - ohne Dich selbst und andere zu verknoten - entspannt Gassi gehen kannst.

Auf jeden Fall ist es empfehlenswert, eine längen-verstellbare Leine zu kaufen. Hierfür bietet sich entweder eine Flexileine an, also eine Leine, die sich auf Knopfdruck verlängern und verkürzen lässt. Oder eben eine Leine, die Du per Karabinerhaken auf drei Längen einstellen kannst. Vorteil einer solchen Leine ist, dass man sie sich umhängen kann, wohingegen eine Flexileine, wenn sie nicht gerade im Einsatz ist, eher unpraktisch zum Tragen ist.

Ähnlich wie bei Klamotten kannst Du Dich auf ein mehr oder weniger unüberschaubares Angebot an Halsbändern und Leinen einstellen, egal, ob Du im Laden, online oder auf Messen stöberst.

# HUNDEBETT

Für den Anfang, jedenfalls bis Du herausgefunden hast, wie sich Deine Fellnase am Liebsten hinlegt und räkelt, tut es auf jeden Fall eine Kiste bzw. ein Karton, der weich ausgelegt wird und Deinem Hund einen kuscheligen Rückzugsort bietet. Aber Achtung: einige Welpen finden Kisten und Kartons zum Anbeißen, was zur Folge hat, dass Du nicht nur die Einzelteile überall aufsammeln darfst, sondern auch täglich neue Kartons benötigst, wenn Du nicht aufpasst.

Solltest Du gleich von Anfang an ein Bettchen oder Körbchen kaufen wollen, empfiehlt es sich, eines zu nehmen, das (ab-)waschbar ist. Auch hier wirst Du wieder die Qual der Wahl haben, denn es gibt unzählige Varianten: Korb, Kissen, mit Rand, ohne Rand, aus Kunstleder, Plüsch, Baumwolle... Von den Größen und Farben gar nicht erst zu reden. Apropos Größe; viele Hunde bevorzugen Platz, denn sie drehen sich gern. Deshalb kaufst Du am Besten ein Bettchen, das ihm ausreichend Liegemöglichkeiten und -varianten bietet. Vergiss dabei aber nicht, dass Dein Welpe noch wächst.

Finde heraus, was Deinem Vierbeiner am Liebsten ist, ob er seinen Kopf lieber etwas erhöht auf dem verstärkten Rand eines flauschigen Kissens bettet oder es bevorzugt, sich hinter den Seitenwänden eines Korbes zu verstecken.

# FUTTERSTATION

Beim Kauf der Näpfe darfst Du endlich, fast ohne auf Besonderheiten achten zu müssen, nach Deinem Gusto kaufen. Aber eben doch nur fast, denn die Näpfe sollten stabil stehen, nicht wegrutschen und bestenfalls auch so schwer sein, dass der Welpe sie nicht durch die ganze Wohnung schleppt. Deshalb bieten sich Näpfe aus Steingut, Keramik oder Edelstahl an.

Du wirst feststellen, dass Deine Fellnase den Kopf nicht hebt, um besser schlucken zu können. Daher ist ein Napf-Gestell insbesondere für größere Hunde empfehlenswert, da sie sich somit beim Fressen nicht so weit hinunterbeugen müssen und das Futter besser rutscht.

# HUNDEBOX

An den Hundeboxen scheiden sich die Geister. Viele Hundehalter würden ihren Vierbeiner niemals in eine Box stecken, vermutlich weil sie das Gefühl hätten, ihren felligen Liebling einzusperren. Absolut verständlich, insofern der Hund beim Autofahren, nachts, auf Reisen oder in fremder Umgebung völlig ruhig und entspannt ist. Falls nicht, bietet sich die Hundebox als Mobilehome für den Hund durchaus an, denn er hat somit immer ein vertrautes Stück Zuhause dabei, das ihm Sicherheit und somit Ruhe gibt.

Wichtig beim Einsatz einer Hundebox ist es, dass Du Deinen Hund frühzeitig daran gewöhnst. Sie kann auch hilfreich sein, um zu verhindern, dass die Fellnase nachts durchs Haus oder auch nur durchs Zimmer schlendert und Dir kleine nasse oder stinkende Überraschungen hinterlässt.

# SPIELZEUG

Natürlich willst Du Deiner Fellnase Spielzeug kaufen, und das sollst Du auch. Achte bitte lediglich darauf, dass der Welpe keine Kleinstteile abbeißen oder -reißen und verschlucken kann.

Grundsätzlich solltest Du beim Spielen mit Kuscheltieren immer ein Auge auf ihn haben, denn die Füllwatte scheint auf einige Hunde regelrecht anziehend zu wirken. Um daran zu gelangen, werden Plüschgeier, Quietschehasen und Co. hingebungsvoll aufgeknabbert und ausgenommen. Empfehlenswert sind auch Spielzeuge aus Naturkautschuk, die Du mit Leckerlis füllen kannst. Sie befriedigen das natürliche Kau- und Spielbedürfnis und helfen außerdem auch noch beim Zahnwechsel.

Frieda, die Zerstörerin

# LECKERLIS

Zumindest während der Erziehungsphase wirst Du immer Leckerlis dabei haben, denn sie erleichtern Dir die Arbeit mit Deinem Welpen ungemein. Das gilt übrigens nicht nur für Welpen, sondern auch für erwachsene Hunde, die neue Kommandos, Tricks etc. lernen. Wie das genau funktioniert, wird Dir Dein Hundetrainer erklären.

Leckerlis gibt es in unzähligen Variationen, viele sind gut und gesund, andere wiederum riechen einfach nur lecker, haben aber so gut wie keinen Nährstoffgehalt. Auch hiermit musst Du Dich beschäftigen, Deinen Hundetrainer oder Tierarzt fragen und einfach ausprobieren, was Deiner Fellnase am Besten schmeckt. Denn nur, wenn der Happen auch wirklich lecker ist, eignet er sich als Lernunterstützung. Damit sich der Kleine nicht überfrisst, denke daran, die tägliche Futterration um die Menge Leckerlis, die Du ihm beim Lernen gibst, zu reduzieren.

Du kannst auch selbst Hundekekse backen, um ganz sicherzugehen, dass nur gesunde Inhaltsstoffe darin sind. Kleiner Tipp am Rande: meiner Erfahrung nach sind die Fellnasen am Lernwilligsten, wenn sie Hunger haben. Logisch, schließlich sind Hunde clever und verstehen schnell, dass richtig ausgeführte Kommandos ihren leeren Magen füllen.

# KAUSPASS

Von Kälberblasen und Kaninchenohren mit Fell bis Büffelhautknochen und Pansen gibt es alles, was das Hundeherz begehrt. Knabbereien helfen beim Zahnwechsel und bieten Beschäftigung - nicht nur für Welpen. Einige haben sogar die Zusatzfunktion des Zähneputzens und Munderfrischens. Doch auch hier ist Vorsicht geboten, denn der Magen Deines Welpen kann durchaus empfindlich sein und längst nicht alle Leckereien gut vertragen. Kaufe daher am Besten immer nur erst einmal einen Kauspaß zum Testen, damit Du herausfindest, was ihm gut tut und was nicht.

Silkes und Axels Viszla-Bub Joschi

# KOTBEUTEL

Kotbeutel oder auch liebevoll ‚Kacktüten' genannt, werden künftig Deine ständigen Begleiter sein. Sobald die Fellnase bei Dir eingezogen ist, wirst Du sie in jeder Tasche haben. Und das ist gut so, denn man kann ja nie wissen, wann das Häufchen raus muss. Und auf der Straße einfach liegenlassen, geht für einen verantwortungsvollen Hundehalter wie Dich ja schließlich nicht.

Jedenfalls können Dich Kacktüten in die lustigsten Situationen bringen, zum Beispiel wenn Du beim Bäcker das Kleingeld aus der Hosentasche herauskramen willst und erstmal eine Kacktüte in der Hand hast. Oder aber, Dein Vierbeiner hat unbemerkt auf der an der Leine festgeknoteten Kacktüte herumgebissen, was Du natürlich erst bemerkst, während Du seine warme, weiche Hinterlassenschaft aufsammeln willst.

# KAMM, BÜRSTE UND ZECKENZANGE

Je nach Fellart Deines Hundes benötigst Du unterschiedliches Pflegeequipment. Das reicht von verschiedenen Bürsten und Kämmen über diverse Scheren und eventuell auch Hundeshampoo für alle Fälle. Konkrete Infos findest Du im Kapitel zur Fellpflege.

Nicht zu vergessen ist die wichtige Zeckenzange. Hier ist es empfehlenswert, eine Zeckenzange zu kaufen, die in der Zange vorne eine kleine Aussparung hat, mit der Du die Zecke auch im dichtesten Fell wesentlich besser greifen und herausziehen kannst. Achtung: beim Entfernen achte bitte darauf, dass Du die kleinen Biester am Besten gleich beim ersten Versuch richtig erwischst und nicht herausdrehst, sondern ziehst. Sie können ansonsten noch mehr Giftstoffe absondern, auf die Dein vierbeiniger Freund gut und gerne verzichten kann.

# KLEIDUNG

Wenn Du nicht sowieso schon gerne bei Wind und Wetter draußen und dementsprechend gut ausgerüstet bist, ist es an der Zeit, in Deinem Kleiderschrank ein Fach für Hunde-klamotten freizumachen. Ganz nach dem Motto „Es gibt kein schlechtes Wetter, nur schlechte Kleidung", solltest Du Dir wasserfeste Kleidung von Kopf bis Fuß zulegen. Empfehlens-wert gerade für die Wintermonate ist auch eine Softshell-Hose und vor allem festes, am Besten mindestens knöchel-hohes, warmes und natürlich bequemes Schuhwerk mit rutschfestem Sohlenprofil.

"Wir schenken unseren Hunden ein klein wenig Liebe und Zeit. Dafür schenken sie uns restlos alles, was sie zu bieten haben. Es ist zweifellos das beste Geschäft, das der Mensch je gemacht hat."

Roger Caras

# EINKAUFSLISTE

- Bett; eventuell mehrere für z.B. Wohnzimmer und Schlafzimmer
- Futterstation bzw. Näpfe
- Matte für unter die Näpfe
- Halsband bzw. Geschirr
- Leine
- Futter
- Leckerlis zum Üben
- Knabbereien bzw. Kauspaß
- Spielzeug
- Zeckenzange
- Bürste bzw. Kamm
- Treppengitter
- Hundebox
- Hundekissen für's Auto
- Kotbeutel
- Wetterfeste Kleidung
- Bequeme Schuhe mit Profil

# HAST DU SCHON EINEN NAMEN FÜR DEINEN WELPEN?

Dass ich eine ‚Frieda' bekomme, stand für mich fest, noch bevor ich wusste, in welchem Hundekörper mein Familienzuwachs stecken wird. Von anderen wiederum weiß ich, dass sie zunächst in das Gesicht ihrer zukünftigen Fellnase schauen wollen, um sich für einen Namen zu entscheiden. Henry, unser ehemaliger Familienhund, bekam seinen Namen erst, als er schon bei uns einzogen war und wir einen Namensfindungs-Familienrat abhielten. Ein klassisches Beispiel dafür, dass ‚mal eben nur kucken' damit enden kann, mit einem Welpen heimzukommen, für den man weder einen

Namen noch ein Bettchen, Näpfe oder sonstiges Equipment hat.

Berner Sennen-Border Collie-Mischling Henry

So oder so, natürlich darfst Du bei der Namensfindung Deine persönlichen Vorlieben einfließen lassen. Allerdings solltest Du darauf achten, dass es keine allzu langen Namen sind, wie z.B. Kleopatra oder Pumuckel. Diese sind nicht nur unpraktisch, wenn es mal schnell gehen muss mit dem Rufen, sondern animieren den Welpen auch nicht gerade dazu, Dir seine Aufmerksamkeit zu schenken, weil es schlichtweg zu viele Silben sind.

Hier kommen ein paar Tipps, um den perfekten Namen für Deinen tierischen Freund zu finden:

Hunde hören auf hohen Frequenzen am Besten, weshalb der perfekte Hundename mit einem Zischlaut beginnen sollte, wie zum Beispiel S, Sch, Ch oder auch Z. Idealerweise endet der Name mit einem Vokal, also einem a, e i, o oder u. Somit ist ‚Sunny' optimal, ebenso wie ‚Simba'. Jetzt kannst Du entweder Scrabble spielen, um die Buchstaben zwischen Zischlaut am Anfang und Vokal am Ende zu füllen oder Du machst es wie die meisten Hundeeltern und wählst einen Namen, der 50% des ausgerufenen Optimums erfüllt.

Da Hunde menschisch nicht wortwörtlich verstehen, sondern sich anhand des Tonfalls und unseres Verhaltens ableiten, was wir gerade von ihnen wollen, lernen sie diese Worte dann mit den entsprechenden Handlungen zu verknüpfen. Jetzt stelle Dir mal vor, Du nennst Deinen Hund ‚Fritz' und willst ihm dann das Kommando ‚Sitz!' beibringen. Verwirrung pur für den vierbeinigen Fremdsprachenlehrling, oder? Mache es Deiner Fellnase also nicht schwerer als unbedingt nötig und wähle einen Namen, der es ihr leicht macht, ihn zu verstehen ohne sie zu verwirren.

Kreative Namen können durchaus Charme haben, aber sind sie immer alltagstauglich? Ich begegne morgens beim Gassigehen im Wald manchmal einer Frau, die einen quirligen kleinen Zwergpinscher hat, der einen großen Namen trägt: Konfuzius. Vor Verzweiflung, weil Konfuzius nicht immer auf seinen Namen reagiert, sondern lieber schnüffelnd durchs Unterholz stromert, wirft sie oft die Arme in die Höhe und ruft lautstark: „Kon-fuuu-ziiii-uuus!". Den Kleinen interessiert das in der Regel herzlich wenig, vorbeikommende Spaziergänger aber amüsiert es ungemein.

Wäge also bitte ab, wie wichtig es Dir ist, einer großen Persönlichkeit zu huldigen, in dem Wissen, Dich womöglich zum Gespött anderer zu machen. Zumal – und das ist meines Erachtens der viel wichtigere Punkt – Du auch Deinem Hund keinen Gefallen mit solch einem Namensungetüm machst.

Kürzlich erzählte mir ein Mann, dass er mit seinen beiden Kindern auf dem Feld unterwegs war. Irgendwann kam ein herrenloser, mittelgroßer Hund auf die drei zugetrabt, der keinen aggressiven Eindruck machte. Als dann aber plötzlich sein Herrchen um die Ecke bog und ihn abrufen wollte, wurde dem Vater mulmig zumute und er rief seine Söhne zu sich. Warum? Weil ‚Killer' auf ihn und seine Kinder zulief. Bei der Namenswahl solltest Du also auch die Öffentlichkeits-tauglichkeit in Betracht ziehen. ‚Killer' oder ähnliche Namen, die negativ belegt sind oder noch schlimmer, die Aggressivität vermitteln und Angst schüren, machen Dir Dein Leben als Hundehalter nur unnötig schwer, denn Euch wird kaum jemand unvoreingenommen begegnen.

# SPIELREGELN FÜR ZWEIBEINER UND VIERBEINER

Du kennst das ja: Regeln können zwar nervig sein, aber im Grunde genommen sind sie ausgesprochen nützlich. Zumindest in den meisten Fällen. So auch im Zusammenleben zwischen Mensch und Hund. Und erst recht dann, wenn gleich mehrere Menschen mit der Fellnase zusammenleben. Die Regeln helfen allen, sich zu orientieren. Sie bieten Struktur und erleichtern das gemeinsame Leben.

Bevor Frieda zu uns zog, habe ich, neben allgemeinen Dingen, zwei Regeln ausgerufen: erstens sollte sie nichts vom Tisch bekommen und zweitens nicht in unserem Bett schlafen. Und jetzt rate mal: beides hat nicht geklappt! Mein Ex-Mann konnte dem treuherzigen Blick aus ihren bernsteinfarbenen Augen nicht widerstehen und hat ihr eines schönen Sonntagmorgens ein Stück Himbeer-marmeladen-Brötchen gegeben. Frieda, in der ja ein permanent hungriger Labrador steckt, hat ihre Chance natürlich ohne zu zögern ergriffen und genüsslich die ihr unbekannte und vor allem für sie ungesunde Leckerei vertilgt. Und weil die andere Hälfte von ihr aus einem überaus cleveren Pudel besteht, hat sie sich den Regelbruch natürlich direkt gemerkt und war ab sofort nicht mehr vom Tisch wegzukriegen, sobald wir dort saßen. Naja, und die Sache mit dem Bett hat sich irgendwie verselbstständigt. Meine Zuckerschnute ist mit 2 Katzen groß geworden und da die schnurrenden Fellnasen bekanntermaßen eher er-ziehungsresistent sind, haben sie sich gerne auch mal ins Bett gekuschelt, um sich von einer Mäusejagd zu erholen. Da muss dann wohl Friedas Gerechtigkeitssinn durchgebrochen sein und sie hat sich irgendwann einmal kurzerhand zu ihren Freunden gelegt. Ganz vorsichtig ist sie hochgekrabbelt, um die beiden nicht zu erschrecken, ich hab's gesehen. Das fand ich dann so süß, wie die drei da beisammen lagen, dass ich es nicht über's Herz gebracht habe, mit ihr zu schimpfen. Und so hat Frieda auf ganz charmante Art ihren Platz in unserem Bett erobert.

Auch ein gutes Beispiel für Inkonsequenz ist meine Mutti. Vor lauter Freude, dass ihr Mädchen da ist oder auch aus übertriebener Fürsorge weil „ihr Mädchen so hungrig kuckt",

Frieda hat das Bett erobert

gibt es gleich nach der Begrüßung entweder eine Scheibe Wurst oder ein Stückchen Käse oder manchmal auch ein kleines Stückchen Butterbrot – frisch geschmiert, versteht sich. Mit ‚ihr Mädchen' ist selbstverständlich Frieda gemeint, wer sonst? Kühlschrank und Brotschneidemaschine befinden sich übrigens jeweils am anderen Ende der Küche. Und was macht meine verschlagene Fellnase, wenn meine Mutter bei unserer Ankunft blöderweise nicht schon in der Küche steht? Sie setzt sich mitten in die Küche und wartet schwanz-wedelnd voller Vorfreude auf was auch immer da gleich in ihr Mäulchen wandert. Und zwar genau mittig zwischen Kühlschrank und Brotschneidemaschine. Man kann ja nicht wissen, aus welcher Ecke die Leckerei kommt. Und wenn Du jetzt denkst, Frieda liebt nur den Kühlschrank meiner Eltern – denkste!

Du siehst, Regeln aufstellen ist schön und gut. Aber sie müssen eben auch eingehalten werden, und zwar von allen Seiten.

Das gilt übrigens auch für kleine Kinder. Hunde, ob Welpe, pubertierend oder erwachsen, benötigen ihren Schlaf, bzw. ihre Erholungsphasen. Und davon nicht wenig. Diese Tatsache muss von allen Familienmitgliedern respektiert werden. Natürlich ist es nicht notwendig, auf Zehenspitzen durch die Wohnung zu laufen und sich nur im Flüsterton zu unterhalten. Trotzdem sollte es vermieden werden, die Fellnase am Schlafen zu hindern oder sie aus purer Spiellust zu wecken. Wenn Dein Vierbeiner genug Kraft getankt hat, wird er von selbst wieder am Geschehen um ihn herum teilnehmen.

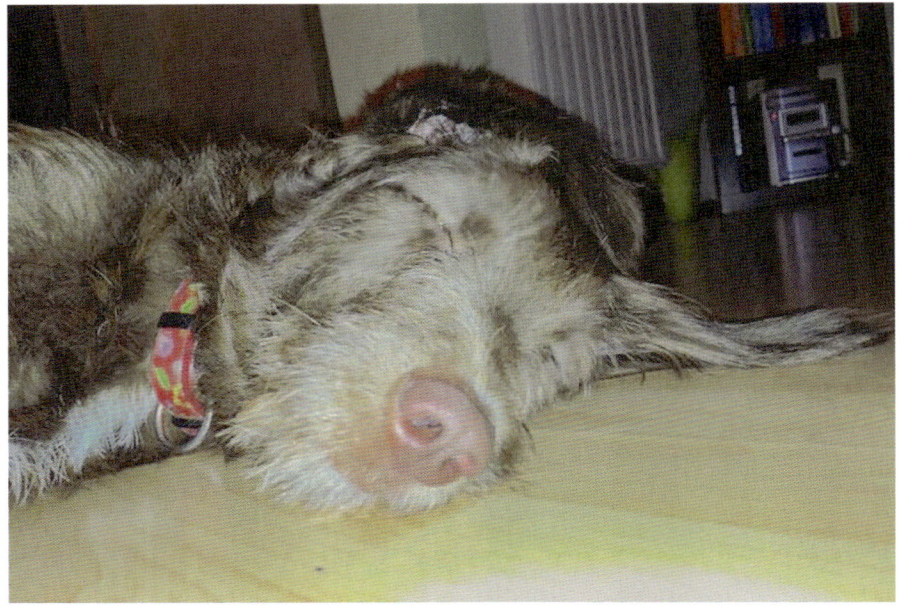

Frieda ist während dem Spielen eingepennt

Hast Du Dir schon überlegt, welche grundsätzlichen Regeln für Dich infrage kommen? Ich habe hier mal ein paar Punkte zusammengestellt, an denen Du Dich orientieren kannst:

- Wer wird die meiste Zeit mit dem Hund verbringen und sich hauptsächlich um die Erziehung kümmern, wird also der Rudelführer?
- Darf der Hund auf's Sofa?
- Darf der Hund in's Bett?

- Soll der Hund etwas vom Tisch bekommen dürfen?
- Welche Kommandobegriffe und Handzeichen sollen verwendet werden?
- Darf sich der Hund in allen Räumen aufhalten?
- Wer geht wann mit dem Hund Gassi?
- Wer kümmert sich um die Fellpflege?
- Wo soll der Hund schlafen?

"Mit einem kurzen Schwanzwedeln
kann ein Hund mehr Gefühle ausdrücken,
als mancher Mensch mit stundenlangem Gerede."

Louis Armstrong

# EIN HUND KOSTET GELD

Dass ein Hund Geld kostet, ist Dir bestimmt klar. Doch was kommt da genau auf Dich zu? Vor einiger Zeit sagte mir ein älterer Herr, dass in seinem achtjährigen Rottweiler ein Kleinwagen mit Vollausstattung steckt. Ich habe zunächst geschluckt, als ich das gehört habe, aber eigentlich ist es kein schlechter Vergleich. Beim Auto kommt es auf die Marke an, beim Vierbeiner auf seine Lebenszeit, eventuelle Krankheiten, möglicherweise notwendige Operationen, Verletzungen, Medikamente, Art des Futters, Trainingsbedarf und natürlich auf all die ‚no needs but must haves', wie Spielzeug, verschiedene Halsbänder bzw. Geschirre und Leinen etc. und noch Einiges mehr. Nicht zu vergessen die Fixkosten in Form von Hundesteuer und –versicherung.

Es kommt also Einiges zusammen im Laufe eines Hundelebens, was sicherlich den ein oder anderen Geldbeutel überfordert. Deshalb rechne bitte zuerst, bevor Du Dich in eine Fellnase verliebst. Wenn Du am Ende Deines Geldes noch Monat übrig hast, Du jetzt schon mit eng geschnalltem Gürtel lebst und in absehbarer Zeit auf keine reiche Erbtante zählen kannst, wird Dein Leben mit Hund zwar viel schöner aber gleichzeitig auch ein ganzes Stück schwerer und Du wirst noch mehr Abstriche machen müssen. Ich sage nicht, dass es das nicht wert ist. Liebe ist mit Geld nicht wettzumachen und meistens sind es genau die Menschen, die - obwohl sie nicht viel haben - ihre Tiere wirklich zu schätzen wissen und sie auch dementsprechend liebevoll behandeln. Trotzdem wäre es wirklich unendlich traurig, wenn Du aus finanziellen Gründen Deinen vierbeinigen Liebling wieder abgeben müsstest.

Glücklicherweise gibt es Hilfsorganisationen, die bedürftigen Haustierhaltern mit Futterspenden und der Bezahlung von Tierarztrechnungen helfen. Um diese Leistungen in Anspruch zu nehmen, muss die Bedürftigkeit stichhaltig nachgewiesen werden. Wenn Du in der glücklichen Lage bist, nicht auf finanzielle Hilfe anderer angewiesen zu sein, kannst Du Menschen, denen es nicht so gut geht, dabei helfen, ein glückliches und mehr oder weniger sorgenfreies Leben mit ihren geliebten Tieren führen zu können. Spenden in Form von Futter, Leinen, Spielzeug etc. wie auch Geld, um Tierarztbehandlungen oder Medikamente bezahlen zu können, werden hier dringend benötigt.

Wofür Du als Hundehalter auf jeden Fall aufkommen musst (bis vielleicht auf die letzten beiden Punkte), habe ich im Folgenden zusammengestellt. Da alle Kosten variabel sind, findest Du hier keine konkreten Beträge, sondern lediglich allgemeine Informationen.

# ANSCHAFFUNG

Je nachdem, von wo Du Deine Fellnase zu Dir holst, musst Du mit unterschiedlichen Kosten rechnen. Entscheidest Du Dich für einen Promenadenmischling vom Bauernhof ist dieser günstiger, als der Rassehund vom Profizüchter mit Papieren und allem Pipapo. Doch auch bei den Züchtern variieren die Preise durchaus. Und wenn Du Dir eine der gerade angesagten Rassen wie Cockapoo oder Französische Bulldogge in Dein Leben holen magst, wirst Du feststellen, dass Du ein kleines Vermögen ausgeben kannst.

Bei Welpen aus dem Tierheim oder dem Tierschutz musst Du übrigens eine Schutzgebühr entrichten, die ebenfalls variieren kann.

# FUTTER

Es gibt unzählige Hundefuttersorten und es wird eine Deiner Aufgaben sein, herauszufinden, welches Futter für Deinen Hund das Beste ist. Vielleicht ist er allergisch auf einige Inhaltsstoffe, vielleicht verträgt er nicht alles. Das bedeutet dann, er braucht besonderes Futter, das unter Umständen auch teurer ist. Vielleicht willst Du aber auch barfen, also mit rohem Fleisch und frischem Gemüse füttern. Plane jedenfalls jeden Monat ein festes Budget für den Futterbedarf Deines Vierbeiners ein.

Dabei solltest Du auch nicht vergessen, dass Hunde Leckerlis und Knabberzeug lieben, kalkuliere also auch mit solchen Ausgaben.

# TIERARZT

Hunde müssen regelmäßig geimpft und entwurmt werden. Die Kosten hierfür variieren je Tierarzt, solltest Du aber unbedingt als Fixkosten einplanen. Möglicherweise hat Dein Vierbeiner rassetypische Krankheiten, die häufiger kontrolliert oder regelmäßig behandelt werden müssen und für die er Medikamente benötigt. Natürlich können auch Krankheiten oder Allergien entstehen, die nichts mit der Rasse zu tun haben, die aber ebenfalls Kosten verursachen.

Es empfiehlt sich, einmal jährlich eine Vorsorgeuntersuchung beim Tierarzt Deines Vertrauens durchführen zu lassen. Am Besten lässt Du diese Untersuchung gleichzeitig mit der Impfung machen, um die Fellnase nicht öfter als unbedingt nötig mit einem Tierarztbesuch zu stressen.

Hinzu kommt, dass Hunde leider nicht vor Unfällen gefeit sind. Sie können sich eine Kralle abreißen, das Bein brechen, das Kreuzband reißen, in eine Beißerei geraten, und, und, und. Auch auf solche Extraausgaben solltest Du vorbereitet sein. Um auf Nummer sicher zu gehen, kannst Du natürlich auch eine OP-Versicherung oder eine mehr abdeckende Tierkrankenversicherung für Deinen Vierbeiner abschließen. Infos zum Versicherungsschutz und den Kosten der jeweiligen Anbieter findest Du im Internet oder Du fragst Deinen Finanz- bzw. Versicherungsberater.

# HUNDEHAFTPFLICHTVERSICHERUNG

Ja, auch Hunde wollen versichert sein. In einigen Bundesländern ist der Abschluss einer Hundehaftpflichtversicherung für alle Rassen sogar Pflicht, in anderen müssen nur bestimmte, als gefährlich geltende Hunderassen versichert werden.

Unabhängig von den Verordnungen des Bundeslandes, in dem Du lebst, solltest Du Deine Fellnase auf jeden Fall versichern, denn Du kannst nie wissen, was sie anstellen wird. Vom angeknabberten Designerschuh der Nachbarin bis hin zum verursachten Verkehrsunfall mit Personenschaden, ist alles möglich.

Auch hier gilt: Vergleiche aufmerksam die Angebote bzw. beauftrage Deinen Versicherungsmakler, das passende Angebot herauszusuchen.

# HUNDESTEUER

Wie fast alles in Deutschland, wird auch das Halten eines Hundes besteuert. Die Zahlung erfolgt einmal pro Jahr, wobei sich die Kosten je Gemeinde unterscheiden. In einigen Kommunen wird der Zweithund günstiger in der Steuer. Es sind auch Steuerbefreiungen bzw. -ermäßigungen für Servicehunde und Hunde mit erfolgreich abgelegter Begleithundeprüfung möglich.

Mit der ersten Zahlung der Hundesteuer bekommst Du eine Hundesteuermarke, deren sichtbares Tragen am Halsband Deines Vierbeiners Pflicht ist, sobald er sich außerhalb Deiner Wohnung oder eines umzäunten Geländes bewegt.

# HUNDETRAINER

Auch erfahrene Hundeeltern greifen auf die Hilfe und Unterstützung von Hundetrainern, zumindest in den ersten Lebensmonaten ihres Welpen, zurück. Dabei geht es natürlich zunächst einmal um die richtige Erziehung, aber genauso auch um den sozialen Kontakt zu anderen Welpen. Ist Deine Fellnase aus dem Gröbsten raus, bieten viele Trainer bzw. Hundeschulen weiterführende Kurse, wie zum Beispiel Trickdogging, Anti-Jagdtraining, Alltagstraining und vieles mehr an.

Hundeschulen und –trainer gibt es wie Sand am Meer und dementsprechend unterschiedlich sind auch die Preise und leider auch die Qualität. Um den für Dich und Deinen Hund passenden Trainer zu finden, achte darauf, welche Methoden er anwendet, welche Qualifikationen er hat und wie er mit Dir und Deiner Fellnase umgeht. Manchmal ist ein Trainer für die Welpenzeit super, bietet danach aber keine attraktiven Trainings mehr für Eure Bedürfnisse. Wie auch immer, Du bist völlig frei in Deiner Entscheidung, solltest Dich aber in jedem Fall immer vorher über die jeweiligen Trainings-methoden und Preise erkundigen.

# HUNDEFRISÖR

Je pflegebedürftiger das Fell Deines Vierbeiners, desto häufiger werdet ihr zum Groomer, also zum Hundefrisör, gehen müssen. Welcher Prozedur Dein Hund dann unter-zogen wird, wird Dir der Fellprofi erklären, ebenso wie die Regelmäßigkeit und natürlich die Kosten.

# HUNDEPENSION

Wenn Du planst, auch ohne Deinen Hund in Urlaub zu fahren, aber niemanden hast, der sich solange um ihn kümmert, kann eine Hundepension eine gute Lösung sein. Dasselbe gilt natürlich, wenn Du krank wirst, auf Geschäftsreise musst oder aufgrund Deiner Arbeitssituation.

Eine gute Hundepension in Deiner Nähe zu finden, kann eine Herausforderung sein. Trotzdem solltest Du Wert auf gewisse Dinge legen, denn schließlich gibst Du Deine geliebte Fellnase in deren Obhut. Schaue Dir die örtlichen Gegebenheiten an, wie viele Hunde in einer Gruppe untergebracht werden, ob auf unterschiedliches Sozialverhalten geachtet wird, ob Spaziergänge unternommen werden, ob Dir die Menschen dort sympathisch sind, ob es dort ordentlich ist und was Dir sonst noch wichtig ist.

Frieda nach einem anstrengenden Besuch beim Hundefrisör

Natürlich ist eine gute Hundepension etwas teurer, aber Deinem Hund zuliebe solltest Du hier nicht auf den Euro schauen.

# TASSO E.V.

TASSO e.V. ist das größte Haustierzentralregister Europas und kümmert sich bei registrierten Haustieren um deren Rückvermittlung, falls diese einmal den Weg nicht mehr zurück in ihr Zuhause finden. Dabei kooperiert TASSO e.V. mit zahlreichen Tierärzten, Tierheimen und Tierschutzorganisationen und setzt sich außerdem für verschiedene Tierschutzaktionen im In- und Ausland ein.

Obwohl die Registrierung Deiner Fellnase sowie der Service des Vereins kostenlos ist, kannst Du mit Deiner Spende dessen Arbeit natürlich jederzeit gerne unterstützen.

# URLAUB MIT HUND

Wenn wir schon beim Thema Geld und Kosten sind, gibt es eine Sache, die ich dahingehend gerne etwas genauer erläutern möchte: der Urlaub mit Hund. Hier können Dir die unglaublichsten Dinge passieren – positiv wie negativ.

Ein Ehepaar, das uns immer mal wieder im Wald begegnet, hat mir folgende Geschichte erzählt: Kurz nachdem ihr Hundekind Max, ein knuddeliger Schweizer Sennen/Husky-Mix bei ihnen eingezogen ist, haben sie sich einen schönen Campingplatz in Bayern ausgesucht, ihren Wohnwagen angehängt und los ging es. Max haben sie natürlich bei der Reservierung angegeben und selbstverständlich auch den Hundeaufschlag bezahlt. So weit, so gut. Dort angekommen haben sie gesehen, dass der Campingplatz kaum belegt war und sich schon gefreut, eine tolle Parzelle direkt am See zu bekommen. Doch weit gefehlt. Statt in erster Reihe mit Seeblick, landeten sie auf einem kleinen, relativ ungepflegten Platz direkt hinter dem Klohäuschen irgendwo am anderen Ende des Geländes. Auf die mehr als berechtigte Frage, warum sie bei niedriger Belegung und vollem Preis zuzüglich Hundeaufschlag so weit ab vom Schuss ihr Lager aufschlagen sollten, kam lediglich ein Schulterzucken mit der Antwort: „Das sind unsere Hundeplätze und wenn Ihnen das nicht passt, können Sie gerne gehen." Bitte was??? Und das nicht etwa im 5-Sterne-Hotel, sondern auf einem Campingplatz. Ich wiederhole: Campingplatz. Also da, wo man mit seinem eigenen Bett anreist, sich das Klo und die Dusche mit anderen teilt und sein Geschirr selbst spült. Für mich jedenfalls sind das keine Gastgeber, bei denen ich meinen wohlverdienten Urlaub verbringen möchte. Ähnliche Storys habe ich aber auch schon über Hotels gehört. Das Extrageld für den Vierbeiner wird zwar gern genommen, und das ist häufig gar nicht wenig, aber manchmal wird man dann eben schlechter untergebracht als ohne Hund. Das mag natürlich auch daran liegen, dass die Hotels schlechte Erfahrungen gemacht haben, was natürlich absolut bedauerlich ist. Ich für meinen Teil jedenfalls habe beschlossen, dass ich nicht bereit bin, mein sauer verdientes Geld solchen Menschen in den Rachen zu werfen.

Wenn Du also nicht benachteiligt werden willst, nur weil Du einer Fellnase Dein Herz geschenkt hast und mit ihr gemeinsam Urlaub genießen magst, erkundige Dich am Besten noch vor der finalen Reservierung konkret nach der Unterbringung vor Ort mit Hund. Nichts ist ärgerlicher, als wenn der Urlaub mit so einem Negativerlebnis beginnt, oder?

Es geht aber auch ganz anders. Meine Schwiegereltern waren gerade erst mit ihrer Bonnie in einer Ferienwohnung im Schwarzwald. Es war ihr erster Urlaub mit Hund und die drei sind bei großartigen Vermietern gelandet. Am Eingang stand ein Schild: „Herzlich willkommen Jutta, Norbert und Bonnie!". Da fühlt man sich doch gleich tatsächlich willkommen. In der Wohnung selbst gab es dann alles, was das Hundeherz begehrt, vom Bettchen über Näpfe (der Wassernapf war natürlich gefüllt), bis hin zu Spielis, Bürsten und sogar einer Zeckenzange. Als sich das Wetter während der Urlaubswoche von geschlossener Wolkendecke hin zu strahlendem Sonnenschein und hohen Temperaturen entwickelt hat, gab es für Bonnie ein Planschbecken zum Abkühlen. Das nenne ich mal Gastfreundschaft. Ach ja, und gekostet hat die Fellnase übrigens nichts, erst ab dem zweiten Hund verlangen die Vermieter einen sehr moderaten Aufschlag.

Himmelweite Unterschiede, oder? Ich persönlich habe bisher keines dieser Extreme erlebt. Wobei – Anfang dieses Jahres waren wir in einem noblen Hotel in Südtirol, wo uns auch ein sogenanntes Hundezimmer zugeteilt wurde. Das lag auf der ersten Etage, sodass wir leicer keinen besonders schönen Ausblick hatten. Ansonsten aber war es piccobello, hundefreundlich mit Näpfen und einer weichen Matte ausgestattet. Trotzdem fragt man sich natürlich, warum man auf gewisse Dinge verzichten muss, trotz oder obwohl man einen nicht unerheblichen Aufschlag für das Mitbringen eines Hundes zahlt.

Fest steht, dass Du in den allermeisten Hotels Deinen Hund gegen Aufpreis mitbringen kannst. Da die Fellnase aber höchstwahrscheinlich nicht mit zum Frühstück oder Abendessen darf, tust Du gut daran, ihm von Anfang an das Alleinsein beizubringen. Oder Du gewöhnst Deinen vierbeinigen Liebling an eine Hundebox, die Du auf Reisen mitnimmst und er so immer ein Stück Zuhause dabei hat, in dem er gelassen auf Dich warten kann.

Danis Rhodesian Ridgeback-Dame Frieda

Besonders beliebt bei Hundeeltern sind Ferienhäuser, sogenannte Chalets, in Holland. Die Holländer lieben Hunde und das merkt man auch, am Strand, im Restaurant, auf der Straße ... überall. Anders als in anderen Ländern dürfen unsere Fellnasen dort am Strand frei springen, buddeln und spielen - natürlich immer unter unserer wachsamen Aufsicht und mit Rücksichtnahme anderer gegenüber. In den Schulferien gelten gewisse Regeln hinsichtlich Leinenpflicht, aber das war es im Großen und Ganzen auch schon.

Falls Du Dich für eine Fellnase aus dem Ausland entscheiden solltest, habe ich hier noch eine Geschichte für Dich, die Mira mit ihrer Mischlingshündin Maja erlebt hat: Maja kam schon als Welpe aus Bulgarien nach Deutschland und wurde aus einer Pflegestation heraus von Mira adoptiert. Sie erhielt sämtliche Papiere für ihr kleines Hundemädchen und glaubte sich auf der sicheren Seite, als sie mit ihr per Auto nach Irland verreisen wollte. Doch weit gefehlt! Bevor die beiden in Calais auf die Fähre durften, wollten die Mitarbeiter der Fährgesellschaft Majas Ausweis und Impfpass sehen. Kein Problem, Mira war vorbereitet und überreichte den Kontrolleuren sämtliche Papiere. Und dann begann eine regelrechte Odyssee, denn die Registriernummer im Ausweis stimmte nicht mit Majas Chip überein. Um die Sache kurz zu machen: Mira musste eine Menge Fragen über sich ergehen lassen – auf französisch, versteht sich. Wir alle wissen ja, wie ungern Franzosen im eigenen Land eine andere Sprache sprechen. Man versuchte also, sich mit Händen und Füßen zu verständigen, bis Mira schließlich verstand, dass man ihr zwar glaube, dass Maja ihr Hund ist, sie aber zu einem Tierarzt müsse, der einen neuen Ausweis mit korrekter Registriernummer ausstellt, bevor sie weiterreisen dürfen. Das war morgens um 4:30 Uhr und die Fähre hatte bereits abgelegt. Jetzt hieß es, eine neue Überfahrt zu buchen und natürlich zu bezahlen und darauf zu warten, dass die Tierarztpraxis gleich um die Ecke ihre Pforten öffnet. Als es endlich so weit war, erklärte ihr der Tierarzt, dass solche Fehler bei Hunden aus dem Ausland oft vorkommen, stellte einen neuen Ausweis aus und bat Mira dann zur Kasse, die bei dem Rechnungsbetrag aus allen Wolken fiel.

Bevor Du also mit Deiner immigrierten Fellnase ins Ausland reist, lass' bei einer Routineuntersuchung von Deinem Tierarzt checken, ob alle Angaben im Ausweis korrekt sind. Das kann übrigens auch bei „deutschen" Hunden nichts schaden, Fehler können schließlich immer passieren, Hauptsache man erkennt sie und kann sie rechtzeitig beheben.

Miras Labrador-Windhund-Mischlingsmädchen Maja

# NACH DER THEORIE FOLGT DIE PRAXIS

Du hast nun also den theoretischen Teil beendet, Dich für einen Hund, einen Namen und gewisse Regeln entschieden, hast alles Notwendige besorgt und Dein Zuhause welpensicher gemacht. Dann bereitest Du Dich jetzt bitte noch auf die Abholung vor. Auch wenn Du vorhast, den Hund alleine großzuziehen, nimm bitte eine Person mit, die bestenfalls auch fährt, sodass Du Deinem kleinen Vierbeiner bereits auf dieser ersten aufregenden Reise zeigen kannst, dass Du in Stresssituationen für ihn da bist und er so sein hoffentlich schon aufgebautes Vertrauen in Dich noch verstärken kann.

Nimm ausreichend alte Handtücher mit, es kann sein, dass sich der Kleine vor lauter Aufregung während der Autofahrt übergeben muss oder Pipi macht. Bitte setze ihn nicht in eine Transportbox oder in den Kofferraum. Der Umzug in eine fremde Zukunft, die Trennung von seiner Mutter, seinen Geschwistern und dem gewohnten Umfeld stressen ihn schon genug. Nimm ihn auf den Arm, rede beruhigend auf ihn ein und vermittle ihm Sicherheit und Ruhe. Wenn möglich, unterdrücke Deine Vorfreude und vielleicht auch Nervosität, sie überträgt sich sonst auf ihn und macht es ihm noch schwerer. Bitte gib ihm unterwegs keinesfalls Leckerlis, sie könnten postum wieder herauskommen.

Bestenfalls hast Du Dir für die nächsten Wochen Urlaub genommen, sodass Du Dich voll und ganz auf Deinen neuen Mitbewohner konzentrieren kannst und ihm die Einge-wöhnung in sein neues Leben möglichst leicht machst.

Jedenfalls hast Du ab jetzt eine große Aufgabe. Du holst den kleinen Vierbeiner zu Dir nach Hause, versprichst ihm und auch Dir selbst, ihm das beste Hundeleben zu bieten und bist voller Zuversicht, dass Ihr eine großartige Zeit zusammen haben werdet. Und so soll es natürlich auch sein.

Die Entscheidung, sich einen Hund ins Haus zu holen, ist eine Entscheidung für's Leben. Zumindest für ein Hunde-leben. Aber ebenso für einen hoffentlich nicht allzu kurzen Teil Deines Lebens. Auch wenn die ersten Wochen und vielleicht Monate nervenaufreibend und anstrengend sind, bleib' am Ball und gib nicht auf! Neben all den An-strengungen wirst Du überhäuft mit Liebesbezeugungen und Kuscheleinheiten und bekommst den besten Freund, den Du Dir nur wünschen kannst. Deshalb: lerne Deinen Hund kennen, finde heraus, was er braucht, was er will und wie Du ihm am Besten und Liebevollsten all diejenigen Dinge beibringst, die Du von ihm erwartest.

Wenn Du, wie ich, Glück hast, läuft alles relativ entspannt. Während ich diese Zeilen schreibe, erinnere ich mich an den Tag des Einzugs von Frieda. Wir sind zu viert zu ihr gefahren, haben den ganzen Bürokratiekram mit dem Züchter erledigt und dann habe ich sie auf den Arm genommen, bin ins Auto gestiegen und wir haben sie nach Hause gebracht. Gut, auf dem Weg dorthin hat sie mich vollgepullert aber das war wie eine Art stilles Bündnis zwischen uns. Schließlich hat sie mir auch schon bei unserem ersten Treffen auf die Füße gepieselt, sehr zur Belustigung aller Anwesenden. Und das war dann auch das letzte Mal. Zuhause angekommen, habe ich ihr alles gezeigt, wo sie trinken und futtern kann, wo ihr Schlafplatz ist und natürlich sind wir in den Park um die Ecke gegangen, wo sie ihre großen und kleinen Geschäfte machen konnte, wenn es schnell gehen musste. Klar, die Katzen waren entsetzt, was da plötzlich für ein ungestümes Monster auftaucht. Aber auch das hat sich relativ schnell gelegt. Nach circa einer Stunde kam der Rest der Familie und sie hat sich in nullkommanix in Jedermanns Herz geschlichen. Selbst in das meiner Mutti, die eigentlich nie wieder einen Hund da rein lassen wollte, wo es so unglaublich weh tut, wenn man ihn gehen lassen muss.

Frieda war von Anfang an ein absoluter Vorzeigehund, der vor Lebensfreude nur so sprudelt. Wenn meine Zuckerschnute sich freut, dann so richtig. Und das macht sie oft.

Dabei wedelt sie so doll mit ihrem Schwanz, dass eigentlich der ganze Hund mitwackelt, was wirklich lustig aussieht. Sie liebt alle Menschen, bei den meisten Hunden ist sie allerdings eher vorsichtig. Welpen jedoch nimmt sie unter ihre Fittiche und erträgt geduldig sämtliche Anspring- und Knabberüberfälle mit deren kleinen, spitzen Beißerchen. Durch ihre fröhliche und liebe Art, hat sie schon so manchen Menschen, der unter akuter Hundeangst leidet, von sich überzeugen können. Sie weicht mir kein Stückchen von der Seite, wenn es mir mal nicht gut geht. Und ansonsten eigentlich auch nicht.

Ich könnte noch seitenlang so weitermachen. Was ich aber sagen will: Frieda ist mein absoluter Seelenhund. Ich bin ohne große Erwartungen in das Abenteuer ‚Hund' gezogen und habe das größte Geschenk aller Zeiten bekommen. Dieses tolle Hundemädchen übertrifft alles, was ich mir insgeheim erhofft hatte und ich bin jeden Tag unendlich dankbar, dass wir uns gefunden haben. Gut, ich gebe zu, dementsprechend verwöhnt ist sie natürlich auch. Aber sie nutzt es nur ganz selten aus, mit einem Blick, dem ich nun mal leider bis heute nicht – und vermutlich niemals – widerstehen kann.

Natürlich habe ich Fehler bei der Erziehung gemacht. Wie könnte es auch anders sein? Ich habe ihr zum Beispiel nie wirklich beigebracht, an der Leine zu laufen. Dieses Versäumnis fällt mir heute manches Mal auf die Füße. Zu meiner Verteidigung muss ich sagen, dass wir ein knappes Jahr nachdem sie zu uns kam, in ein Haus direkt im Wald gezogen sind. Bis dahin war sie sogar ziemlich gut leinenführig. Aber wenn Du so wohnst, dass Du nur die Haustür öffnen musst, um im Wald zu stehen und Du noch dazu eine Fellnase hast, die absolut gehorsam ist und sowieso keine Lust hat, sich weiter als unbedingt nötig von Dir zu entfernen, fehlt Dir nun mal der Grund, eine Leine anzulegen. Soviel zur Konsequenz. Geschadet hat es niemandem aber wenn ich, was sehr selten vorkommt, mit ihr durch die Stadt laufe, hat sie verständlicherweise das Bedürfnis vor der Leine davonzulaufen. Übersetzt heißt das, sie zerrt mich hinter sich her und keucht dabei wie eine Dampflok. Würde ich sie ableinen, würde sie neben oder nur wenig vor mir herlaufen. Das wäre für sie und mich wesentlich entspannter. Nur eben für die Menschen um uns herum nicht, wo wir wieder beim wichtigen Punkt der Rücksichtnahme sind.

Was ebenfalls nervig ist und wesentlich häufiger vorkommt, ist, dass sie ihre Menschen verteidigen will. Also solange wir im Haus sind. Draußen gar nicht, da ist sie eher ein kleiner Angsthase. Ich fand das immer super, solange wir noch im Wald wohnten. Man kann ja nie wissen, wer da draußen herum schleicht. Und derjenige, der draußen herum schleicht, hört nur ihr wirklich böse klingendes Bellen, sieht ja aber nicht, dass sie dabei freudig mit dem Schwanz wedelt. Heute wohnen wir nicht mehr im Wald, doch das Beschützerkläffen hinter verschlossenen Türen ist geblieben. Aber was soll's? Niemanden stört es, im Gegenteil: die Nachbarn finden es gut und belohnen sie immer mal wieder mit einem Wienerle. Sie weiß dann zwar gar nicht wofür,

Hunde haben ja kein Gedächtnis wie wir, freut sich aber jedes Mal wie verrückt, was wiederum die Nachbarn freut und so sind alle happy.

Und da wären wir dann auch schon bei der dritten Eigenschaft, die nicht unbedingt lobenswert ist: Friedas Fresssucht. Für die kann sie rein gar nichts, der Labrador in ihr ist schuld. Trotzdem ist es nicht schön, wenn Du am Tisch sitzt und neben Dir entsteht eine ausgewachsene Sabberpfütze auf dem Boden. Nicht unbedingt meine Schuld, wie ich vorhin schon erzählt habe. Aber eben auch nicht Friedas Schuld. Wobei: doch meine Schuld! Immerhin hätte ich ihr diese Flausen in den vergangenen Jahren sicher wieder austreiben können. Aber dieser Blick... Naja, immerhin hält sie Abstand und würde auch nichts klauen, wie manch anderer Labbi. Ich habe schon so einiges gehört oder sogar miterlebt: wie der liebevoll zusammengestellte Adventskalender von der Wand gerissen und aufgefressen wurde. Wie ein Nutella-Glas aus dem Schrank geklaut, der Deckel abgeknabbert und das Glas ausgeschleckt wurde. Wie Schnitzel, während sie paniert werden sollten, auf wundersame Weise in einem unaufmerksamen Moment verschwanden. Wie frischgebackene Torten, die zum Dekorieren auf der Arbeitsplatte in der Küche standen und nur für einen Augenblick unbeaufsichtigt waren, im Bauch der Fellnase verschwunden sind. Oder wie Henry damals den Hefeteig, den meine Mutti zum Gehenlassen auf den Kaminofen gestellt hat, auf eine uns unerklärliche Weise von dort geklaut und gefressen hat. Anschließend hatten wir nicht nur keinen Hefezopf, sondern einen sturzbetrunkenen

Frieda, das Schleckermäulchen

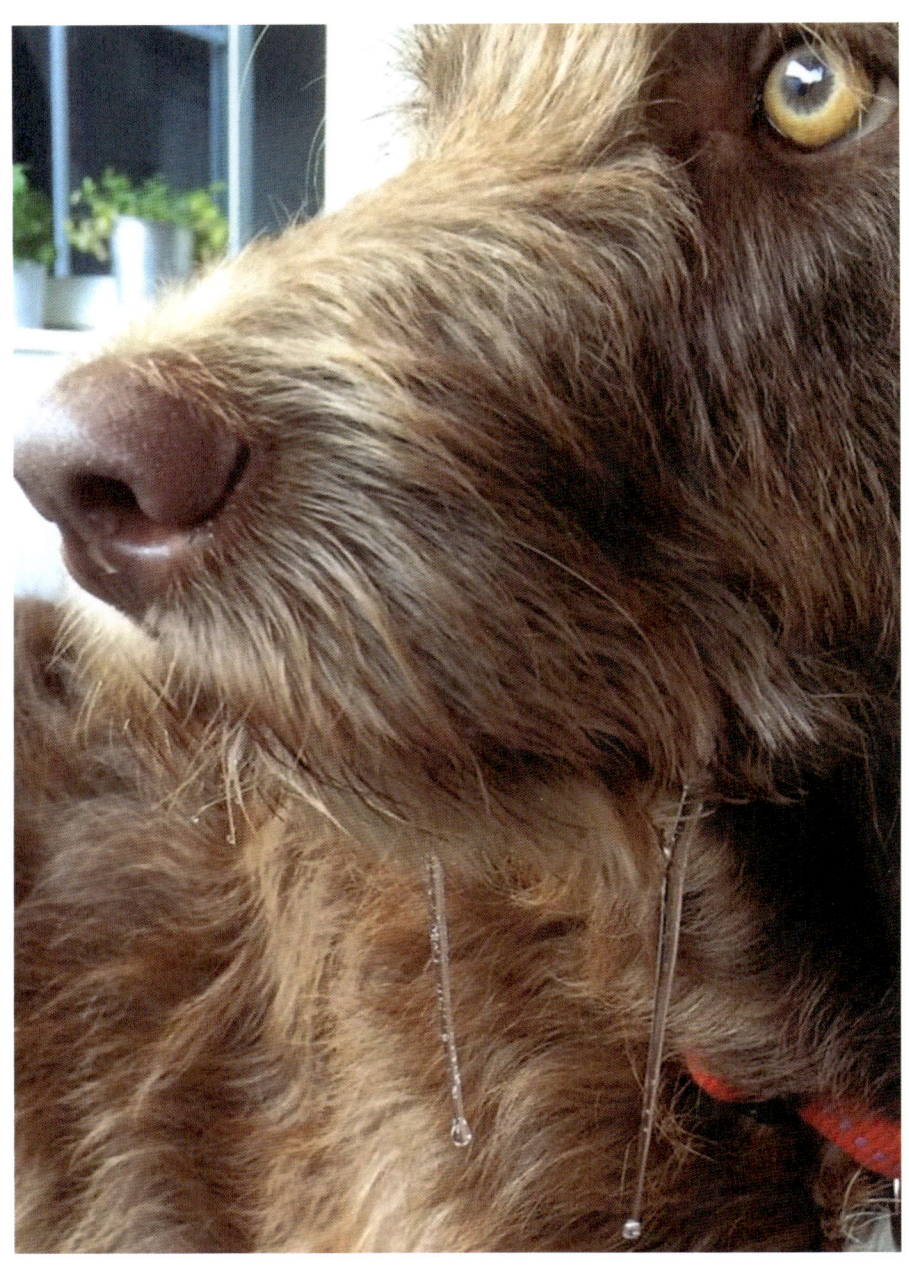

Frieda und ihre Sabberfäden

Hund, der sich kaum auf den Beinen halten konnte. Die gärende Hefe eben... Das klingt zwar alles lustig, kann für unsere Vierbeiner aber richtig gefährlich werden, denn Zucker, Schokolade und Co. sind gar nicht gut für Hundemägen.

Das war es eigentlich auch schon mit den negativen Eigenschaften meiner Zuckerschnute. Zumindest fällt mir nichts mehr ein. Oder vielleicht bemerke ich es auch einfach nicht mehr. Jedenfalls ist alles Negative an ihr mein persönliches Verschulden, um nicht zu sagen, Versagen. Du siehst also, es liegt an Dir, was aus Deinem Vierbeiner wird.

Es geht aber natürlich auch anders. Umwerfend süße und liebe Welpen, die im Laufe des Erwachsenwerdens ihre weniger schönen Wesenszüge ausprägen. Wenn der Rudelführer dann vor lauter Liebe nicht klar und konsequent sein kann und die Fellnase merkt, dass sie eigentlich machen kann, was sie will und sich zu einem regelrechten Rowdie mausert, spätestens dann ist die tatkräftige Unterstützung eines erfahrenen Hundetrainers gepaart mit extra viel Konsequenz und nicht weniger Liebe notwendig. Dasselbe kann im Übrigen auch dann passieren, wenn man einfach zu träge ist, seinem Vierbeiner im wahrsten Sinne des Wortes Manieren beizubringen. Zum Beispiel, weil es auf der Couch gerade so bequem ist. Und von wegen einmal durchgehen lassen, wird schon nix passieren. Oh doch! Für eine gewisse Zeit ist man als Hundehalter einfach verpflichtet, die eigenen Bedürfnisse hinten an zu stellen, um so schnellstmöglich zum gewünschten Ergebnis zu kommen.

Nämlich einem ruhigen und geordneten Zusammenleben. Du kannst Dir sicher sein, die Mühe lohnt sich, denn Deine Fellnase ist vor allem dann glücklich und zufrieden, wenn Du es bist.

Ja, ich weiß, das hört sich nach einer harten und anstrengenden Lebensphase an. Aber so schlimm wie es klingt, ist es gar nicht. Zumindest nicht immer. Nur manchmal und besonders am Anfang. Und während der Pubertät vielleicht. Aber im Grunde genommen überwiegen die tollen Momente bei weitem. Irgendwann hat Dein Vierbeiner die Kommandos verinnerlicht und Du musst nicht mehr ständig Gewehr bei Fuß sein. Je konsequenter und verständlicher Du ihm alles beibringst, desto schneller klappt es und ihr werdet ein tolles Mensch-Hund-Team.

Ich habe zum Glück auch Einiges richtig gemacht, das ich gerne mit Euch teile, weil es sich als unglaublich praktisch herausgestellt hat: Von Anfang an habe ich mit Frieda ‚Pullu-Partys' gefeiert. Jetzt fragst Du Dich wahrscheinlich, was das sein soll. Pullu ist synonym für Pipi. Keine Ahnung, warum dieses Wort, es ist eben einfach so. Jedenfalls habe ich jedes Mal, wenn Sie draußen ein Pullu gemacht hat - also nicht nur wenn, sondern auch während – immer wieder ‚Pullu' gerufen und mich riesig gefreut. Das hat ihr gut gefallen und sie war in nullkommanix stubenrein. Ich muss nicht extra erwähnen, dass ich dabei oft ungewollte Zuschauer hatte, die sich kaputtgelacht haben. War mir aber egal, denn Sinn und Zweck meines Kasperletheaters wurden erfüllt. Toller Nebeneffekt, mit dem ich gar nicht gerechnet hatte: sie macht jetzt Pullu auf Kommando. Wenn es also mal ganz schnell gehen muss, rufe ich ‚Pullu' und es geht los. Praktisch, oder? Voraussetzung für mein wählerisches Hundemädchen ist, dass es zumindest drei Grashalme gibt, und sind sie auch noch so verkümmert, auf die sie pullern kann. Asphaltierte, geteerte oder gepflasterte Wege gehen gar nicht.

Worauf ich ebenfalls ziemlich stolz bin, ist, dass sie nur auf Kommando frisst. Ich habe ihr schon so manches Mal Futter in den Napf und bin völlig in Gedanken versunken einfach weggelaufen. Wenn ich Minuten später nach ihr geschaut habe, saß sie vor ihrem Futter, hat versucht es zu hypnotisieren damit es von selbst in ihre süße Schnute fliegt und dabei natürlich einen ganzen Teich gegafert, aber nichts genommen. Wir haben schon regelrechte Feldstudien mit ihr durchgeführt: den Raum verlassen während Pizza offen auf dem Wohnzimmertisch lag, Grillfleisch neben den Grill auf den Boden gestellt und weggelaufen, andere Näpfe mit Futter hingestellt und sie damit allein gelassen und einiges mehr. Immer mit dem gleichen Ergebnis: sie hat nichts angerührt, nur gesabbert, was das Zeug hält. Aber lieber so als andersherum, finde ich.

Und dann ist da noch die Sache mit dem Alleinbleiben. Mit einer selbstständigen Mami hat Frieda das große Glück, die meiste Zeit nicht allein sein zu müssen. Und wenn doch, legt sie sich völlig entspannt hin und wartet eben, bis die Tür wieder aufgeht. Wir hatten von Anfang an ein Ritual. Ich verabschiede mich von ihr mit den Worten: „Ich bin gleich wieder da. Leg Dich hin und schlaf ne Runde. Ich hab Dich lieb!". Und unser Wiedersehen wird natürlich auch gebührend gefeiert mit Freudesprüngen, wildem Schwanzwedeln, Umarmungen und Schlabberküssen. Mir ist natürlich klar, dass sie mich nicht wörtlich versteht und all den Hinweisen von versierten Hundetrainern ist zu entnehmen, dass man einfach gehen sollte, ohne großes Bohei. Das habe ich aber nie übers Herz gebracht. Geschadet hat es ihr glücklicherweise nicht. Im Gegenteil, sie hat im Laufe ihres bisherigen Lebens schon einige Hunde, die gar nicht gern alleine sind und heulen, kläffen oder sogar Möbel zerstören, mit ihrer gelassenen Anwesenheit beruhigt, sodass die jeweiligen Hundeeltern ganz entspannt aus dem Haus gehen konnten, ohne bei ihrer Rückkehr einen völlig derangierten Hund und oder ein heilloses Chaos vorzufinden.

Zum Thema Alleinbleiben kann ich Dir übrigens nur raten, Deine kleine Fellnase so früh wie möglich daran zu gewöhnen. Häppchenweise, in ganz kleinen Schritten. Wie, erfährst Du von Deinem Hundetrainer. Das ist immens wichtig. Für Dich, um in Ruhe das Haus verlassen zu können. Und natürlich auch für den Hund, dem die Aufregung rund um seine Verlustängste nicht gut tut. Der eine verkraftet das Alleinsein ohne Probleme, der andere braucht eben etwas länger.

Als Lebewesen sind Hunde ebenso unberechenbar, wie all die anderen Geschöpfe dieser Erde. Das macht es ja gerade so spannend, denn wie bei unseren Mitmenschen, können wir auch Hunden nur vor, aber nicht in den Kopf schauen. Wir müssen mutig sein und empathisch. Müssen Hingabe, Liebe und Güte leben. Wenn wir das schaffen, kann es nur gut werden.

Für welchen Hund auch immer Du Dich entscheidest, tue alles und zwar wirklich alles dafür, Euch beide glücklich zu machen! Du wirst das größtmögliche Geschenk erhalten, das ein Lebewesen zu geben imstande ist: sein Leben.

"Ein Hund ist das einzige Lebewesen auf der Erde, das Sie mehr liebt, als sich selbst."

Josh Billings

# TIPPS FÜR EIN TOLLES ZUSAMMENSEIN

## SEI ZUVERLÄSSIG UND LIEBEVOLL KONSEQUENT!

Damit sich Dein Hund gut auf Dich einstellen kann und Dich zu verstehen lernt, mache Dich berechenbar für ihn. Das bedeutet, dass Du Dich in gleichen Situationen möglichst immer gleich verhältst. Damit schaffst Du ein erkennbares Muster für die Fellnase, denn Du handelst jederzeit zuverlässig. Bitte verwechsle konsequent nicht mit rabiat, versuche stets Ruhe und Souveränität auszustrahlen und unterstütze ihn beim Umsetzen der Kommandos. Jede Art von Bestrafung wie z.B. Treten, Schreien, Schlagen, Leinenrucke etc. erhöht den Stresslevel Deines Hundes und schadet der Beziehung erheblich.

## HABT SPAß MITEINANDER!

Indem Du tolle Dinge mit Deinem Vierbeiner unternimmst, die nicht nur Dir, sondern auch ihm Spaß machen, wird sich eine enge Bindung aufbauen. Finde heraus, welche gemeinsamen Hobbies ihr habt und nimm Dir Zeit für Deinen Hund.

Frieda auf der Piste

# MACHE DAS TRAINING ZUM ERLEBNIS!

Auch wenn Du besonders ehrgeizig bist, Dein Hund ist es womöglich nicht. Daher solltest Du Trainingseinheiten an seine Motivation und sein Lerntempo anpassen. Bedenke, dass besonders junge Hunde sich nicht lange konzentrieren können und schnell überfordert sind, was euch beide unnötig frustriert. Je mehr Spaß Deine Fellnase am Training hat, desto schneller erzielst Du Erfolge. Verzichte jedenfalls immer auf Bestrafungen, wenn es mal nicht so klappt, wie Du es Dir vorstellst. Belohne ihn stattdessen angemessen und vermittle ihm den Spaß am Training.

# KUSCHLE, WAS DAS ZEUG HÄLT!

Natürlich nur, wenn Deine Fellnase das möchte! Körperkontakt wirkt sich positiv auf Deinen Hund und selbstverständlich auch auf Dich aus. Kuscheln bedeutet Nähe, Verbundenheit, Vertrauen. Und Du bringst ihm so ganz nebenbei bei, sich am ganzen Körper anfassen zu lassen. Das macht es nicht nur Dir bei beispielsweise der Zeckensuche und -entfernung leichter, auch der Tierarzt wird es zu schätzen wissen, wenn er Deinen Hund unbehelligt untersuchen kann.

Stephanies Tochter Marie mit Zwergrauhaardackel Peanut

# KENNE UND ERFÜLLE
# DIE BEDÜRFNISSE DEINES HUNDES!

Auch ein Hund möchte zwischendurch einfach mal nur spazieren gehen, schnuffeln, Stöckchen zerknabbern, mit anderen Hunden spielen, faul herumliegen oder schlafen. Er muss also nicht permanent unterhalten werden. Bitte berücksichtige auch die möglichen Ängste der Fellnase, unterstütze sie bei deren Überwindung und zwinge sie zu nichts, niemals! Zu den Bedürfnissen eines Hundes gehören übrigens auch das regelmäßige, ausreichende Füttern, ein nie leer werdender Wassernapf, Kopfarbeit und Kuschel-einheiten.

# LASS' RUHIG AUCH MAL
# DEN HUND ENTSCHEIDEN!

Das geht natürlich nicht in jeder Lebenslage, aber ganz sicher beim Gassigehen. Hier kannst Du gerne zwischen-durch den Hund die Richtung bestimmen lassen. Aber Vorsicht: nicht, dass Du zum Schluss nicht mehr weißt, wie Du zurückkommst! Ein Hund sollte auch selbst entscheiden dürfen, ob er von anderen Hunden angeschnuffelt werden will. Falls er gerade keine Lust auf Sozialkontakt hat, lass' ihm die Freiheit, wegzugehen. Auch seinem eigeninitiativen

Wunsch, zu kuscheln oder zu spielen, darfst Du gerne nachkommen, insofern es gerade möglich ist.

Frieda entscheidet , wo es lang geht

# HUNDEARTEN – EIN ÜBERBLICK

Laut VDH (Verband für das deutsche Hundewesen) gibt es 346 anerkannte Hunderassen in Deutschland. Dementsprechend ist die Auswahl riesig und kaum zu überblicken. Natürlich gibt es zahlreiche Plattformen, auf denen die einzelnen Rassen bebildert und kurz beschrieben dargestellt werden. Aber will man sich wirklich durch alle knapp 350 Rassen klicken und lesen? Und selbst wenn – ist man dann hinterher wirklich schlauer? Oder vielleicht eher noch verwirrter?

Eventuell hilft es Dir auch, Dich mit den einzelnen Hundearten auseinanderzusetzen, auch dann, wenn Du einen Mischling bevorzugst. Jede Rasse wurde ursprünglich für eine bestimmte Aufgabe gezüchtet und kann verschiedenen Hundearten zugeordnet werden.

Natürlich kann eine Art- oder Rassebeschreibung niemals pauschal für alle der Art oder Rasse zugehörigen Hunde angesehen werden. Hunde sind - wie wir Menschen auch - viel zu einzigartig und individuell in ihren Veranlagungen und Bedürfnissen. Und doch kann die Beschreibung neugierig machen auf einen Hund, den man vorher so gar nicht in Betracht gezogen hat.

Im Folgenden findest Du die häufigsten Hundearten von A wie Apportierhund bis Z wie Zuchthund - mit einer kurzen Erläuterung zum besseren Verständnis.

# APPORTIERHUND

Apportierhunde gelten vom Ursprung her als Jagdhunde. Sie sind die Spezialisten für die Arbeit nach dem Schuss und in aller Regel begeisterte Schwimmer. Statt Apportierhund nennt man sie häufiger Retriever, abgeleitet vom Englischen „to retrieve", was auf Deutsch so viel heißt wie „apportieren" bzw. „zurückbringen".

Heutzutage hält man Apportierhunde hauptsächlich aufgrund ihrer Freundlichkeit und Gutmütigkeit als Familienhunde. Sie gehen in aller Regel eine enge Bindung mit ihren

Nadines Golden Retriever-Mädchen Julie

Menschen ein und erweisen sich daher als liebevolle, treue und kinderliebe Gefährten. Wegen ihrer feinen Nase, Intelligenz und Ausdauer werden sie zudem gern als Rettungshund, Therapiehund, Blindenführhund, Behindertenbegleithund, Drogenspürhund und für viele andere Tätigkeiten eingesetzt. Ein Apportierhund eignet sich jedoch nicht unbedingt zum Schutz- oder Wachhund.

Apportierhunde bzw. Retriever sind ausgesprochen lernwillig und setzen alles daran, ihren Menschen zu gefallen. Sie lieben Freizeitaktivitäten, brauchen also eine Aufgabe, um glücklich und ausgelastet zu sein, weshalb sie sich hervorragend für verschiedene Hundesportarten eignen.

Bekannteste Vertreter der Retriever sind der Golden Retriever und der Labrador Retriever.

# ASSISTENZHUND

Assistenzhunde helfen ihren Menschen bei Aufgaben, die sie aufgrund einer geistigen oder körperlichen Beeinträchtigung selbst nicht bewältigen können. Dazu gehört z.B. das Öffnen und Schließen von Türen, das Bringen von Gegenständen, das Anzeigen, wenn es an der Tür geklingelt hat oder aber auch das An- und Ausziehen.

Assistenzhunde können sogar lernen, beim Auftreten gewisser Krankheitsbilder dementsprechend zu reagieren.

Beispielsweise bei epileptischen Anfällen, die sie frühzeitig erkennen oder - wenn der Anfall schon fortgeschritten ist - das entsprechende Notfallmedikament zu bringen.

Der Assistenzhund muss eine spezielle Ausbildung bei einem erfahrenen Assistenzhundetrainer durchlaufen und gemeinsam mit seinem Hundeführer eine Prüfung absolvieren. Es gibt keine bestimmte Rasse, die sich besonders gut als Assistenzhund eignet, man sollte allerdings darauf achten, dass der Hund den körperlichen Anforderungen gewachsen ist und daher eine gewisse Größe mitbringt.

Assistenzhund Suki

# AUSSTELLUNGSHUND

Ausstellungshunde sind in aller Regel Rassehunde und werden auf Ausstellungen präsentiert, wo sie anhand verschiedener Kriterien von einer Jury beurteilt werden. Hierbei gibt es für jede Rasse festgelegte Standards, die der Hund erfüllen sollte, um für seinen Hundeführer einen Pokal mit nach Hause zu bringen. Auch das Wesen des Vierbeiners wird bewertet. Er sollte besonders sozialverträglich, ausgeglichen und folgsam sein, da er bei Wettbewerben viel auf andere Menschen und deren Hunde treffen wird.

Austellungshund Teddy

Die Erziehung von Ausstellungshunden darf also nicht unterschätzt werden, sie ist sogar sehr anspruchsvoll und zeitintensiv. Schließlich will man ja, dass sich der Hund, wenn es um die Wurst geht, von seiner besten Seite zeigt.

# BEGLEITHUND

Begleithunde oder auch Gesellschaftshunde genannt, sind einzig und allein zu einem Zweck gezüchtet worden: sie sollen ihren Menschen durch ihre bloße Anwesenheit Freude bereiten. Sie haben daher eine ausgesprochen hohe soziale Kompetenz und sind in der Lage, sich unterschiedlichsten Lebenssituationen bestmöglich anzupassen. Begleithunde sind insofern die ideale Besetzung, wenn man in der Stadt wohnt, sind natürlich aber auch überaus glücklich mit einem Zuhause außerhalb oder auf dem Land. Sie lassen sich normalerweise weder von einem turbulenten Familienleben noch von einem langen Arbeitstag aus der Ruhe bringen. Auch ein ruhiges Leben bei älteren Menschen können sie sehr genießen. Natürlich immer unter der Voraussetzung, ausreichend Auslauf zu bekommen.

Bekannte Rassen sind Mops, Malteser, Chihuahua, Pudel oder Französische Bulldogge.

Übrigens: Man bezeichnet häufig auch Assistenzhunde oder Hunde, die die Begleithundeprüfung erfolgreich abgelegt haben, als Begleithunde. Jedoch nicht aufgrund ihres ange-

Rolands Malteser-Yorkshire-Mischlingsdame Josie

züchteten Zwecks, sondern wegen ihrer besonderen Ausbildung.

# BESUCHSHUND

Wenn Du planst, mit Deiner Fellnase Schulen, Kindergärten,
Seniorenheime, Krankenhäuser oder Justizvollzugsanstalten
zu besuchen, sollte diese gut sozialisiert sein und wenigstens die Grundkommandos zuverlässig befolgen.

Irish Setter-Besuchshund Paul

Es gibt keine speziellen Besuchshunderassen, es ist aber
wichtig, dass der Hund menschenfreundlich und geduldig

ist, sich gerne anfassen lässt und auch in lauten, unruhigen Situationen in einem ungewohnten Umfeld souverän und umgänglich bleibt. Am Ehesten empfehlen sich mittelgroße Hunde, da kleine Vierbeiner oft empfindlicher sind.

# DACHSHUND

Dachshunde, besser bekannt als Dackel, wurden ursprünglich für die Jagd auf Dachse und Füchse gezüchtet. Mit ihren langgestreckten, niedrigen Körpern und den kurzen, muskulösen Beinen haben sie die perfekten Voraussetzungen, um im Bau zu jagen. Dackel gibt es in verschiedenen Rassen, die sich vor allem durch die Art des Fells unterscheiden. Es gibt Kurzhaardackel, Langhaardackel und Rauhhaardackel bzw. Zwergdackel.

Wenn Du Dich für einen Dackel interessierst, rechne bitte mit einem eigensinnigen Sturkopf, der durch Selbstbewusstsein und Hartnäckigkeit bei der Jagd besonders positiv auffällt. Gleichzeitig ist er ein freundlicher, verschmuster und temperamentvoller Vierbeiner, der ausgedehnte Spaziergänge ebenso liebt wie intensives Buddeln. Es handelt sich hierbei in jedem Fall um einen Jagdhund, der ohne liebevolle, konsequente Erziehung nur allzu gern seinem Jagdtrieb nachgeht.

Josefs Zwergdackel Charls und Phila

# HÜTEHUND

Hütehunde oder auch Treibhunde genannt, wurden eigens für das Hüten von Viehherden, insbesondere von Schafherden, gezüchtet. Dabei haben sie drei große Aufgaben: die Tiere zu treiben, sie vor Angreifern zu schützen und sie von bestimmten Plätzen fernzuhalten. Das alles natürlich immer ohne ihre Schützlinge zu verletzen.

Hütehunde sind echte Sportskanonen, eignen sich als Familienhunde, sie sind kinderlieb, intelligent und verhältnismäßig leicht zu erziehen. Allerdings kann es durchaus vorkommen, dass sie mit ihrem Hüteinstinkt über das Ziel hinausschießen und „ihre Herde" übertrieben beschützen. Um dem entgegenzuwirken, sollte man seiner Fellnase unbedingt angemessenen Ersatz, am Besten in Form von Hundesport, anbieten.

Die bekanntesten Hütehundrassen sind Australian Shepherd, Bearded Collie, Border Collie, Deutscher Schäferhund und Malinois.

Mireilles Australian Shepherd-Bub Rusty

# HYBRIDHUND

Hybridhunde sind Züchtungen aus zwei anerkannten Hunderassen mit einem bestimmten Ziel hinsichtlich Charakter, Aussehen und Fell. Sie sind freundliche, aufgeschlossene und lernwillige Familienhunde.

Insbesondere der Pudel in allen Varianten dient als gerngesehener Elternteil, denn er verliert kaum Haare und gilt obendrein als 'hypoallergen', löst also keine Allergien aus. Setzen sich allerdings die Gene des anderen Zuchthundes durch, kann es trotz allem zu Fellverlust und allergischen Reaktionen kommen. Es empfiehlt sich daher trotz allem den Welpen vor der finalen Kaufentscheidung mehrfach zu besuchen, um allergische Reaktionen weitestgehend ausschließen zu können.

Die bekanntesten Rassen sind Labradoodle, Goldendoodle und Cockapoo.

# JAGDHUND

Zur Gattung der Jagdhunde gehören jagende Hunde, Schweißhunde, Stöberhunde, Vorstehhunde, Erdhunde und Apportierhunde. Sie alle wurden gezielt für die Arbeit mit dem Jäger gezüchtet und sind für diesen auch heute noch - trotz aller technologischen Hilfsmittel - unersetzlich.

Labradoodle-Mädchen Frieda und Cockapoo-Mädchen Bonnie

Tanjas Weimaraner-Mädchen Momo

Sich als Nicht-Jäger für einen Jagdhund zu entscheiden, muss wohlüberlegt sein. Bei Spaziergängen zeigt sich sein angezüchteter Trieb und macht Leinenführigkeit unabdingbar. Überall wittert er eine Fährte und will voller Motivation seiner Aufgabe nachkommen - nämlich Dich zur Beute zu führen. Da er in aller Regel erfolglos bleiben wird, können Ausflüge sowohl für ihn als auch für Dich zur Anstrengung werden. In seiner „arbeitsfreien Zeit", also zuhause, zeichnet er sich als wertvolles Familienmitglied aus.

Bei der Erziehung eines Jagdhundes gilt vor allem, mit viel Geduld, Liebe und Konsequenz zu handeln. Je nach dem wie ausgeprägt der Jagdinstinkt ist, solltest Du in Erwägung ziehen, Deinem Vierbeiner ab und an einen Jagderfolg unter Anleitung eines erfahrenen Jägers zu gönnen.

Zu den beliebtesten Jagdhunderassen zählen Deutsch Langhaar, Weimaraner, Großer Münsterländer, Magyar Vizsla, Irish Setter und Beagle.

# LAUFHUND

Laufhunde zeichnen sich durch einen starken Jagdtrieb, einen großen Bewegungsdrang und ausgesprochene Selbstständigkeit aus. Sie sind sehr umgänglich und tolerant, insbesondere dann, wenn sie ihrem Bewegungs- und Jagdtrieb regelmäßig nachgehen dürfen.

Dann zeigen sie sich auch als freundliche und liebevolle Familienhunde. In engen Stadtwohnungen fühlen sie sich nicht wohl, ein Haus mit umzäuntem Garten, wo sie nach Herzenslust rennen und schnüffeln können, ist dagegen ideal.

Da einige Laufhunde durchaus stur und dickköpfig sein können, bedarf es einer sorgfältigen, konsequenten und geduldigen Erziehung von Anfang an.

Die beliebtesten Laufhunderassen sind American Foxhound, Basset Hound und Beagle. Der Dalmatiner sowie der Rhodesian Ridgeback gelten als verwandte Rassen der Laufhunde und sind ebenfalls dynamisch, kraftvoll und ausdauernd.

Beagle Chips

# LISTENHUND

Als Listenhunde bezeichnet man Hunderassen, die rasse-
bedingt als gefährlich eingestuft werden. Je nach Bundes-
land gibt es bestimmte Haltungsbedingungen, die eingehalten werden müssen. Lediglich die Bundesländer Nieder-
sachsen, Schleswig-Holstein und Thüringen führen keine
Rasseliste.

Falls Du Dich für die Haltung eines Listenhundes interessierst, solltest Du Dich nach Auswahl der jeweiligen Rasse
mit den gesetzlichen Bestimmungen des Bundeslandes, in
dem Du lebst, vertraut machen. Diese Bestimmungen
können unter anderem sein: Maulkorbpflicht, Leinenzwang,
Unfruchtbarmachung des Hundes, Kennzeichnung durch
Mikrochip, umzäunter Auslauf, Sachkundeprüfung, Haft-
pflichtversicherung etc. In einigen deutschen Bundesländern
ist es möglich, die Ungefährlichkeit des Hundes durch einen
Wesenstest nachzuweisen. Wird dieser Test erfolgreich
absolviert, können gewisse Regeln wie z.B. die Maulkorbpflicht oder der Leinenzwang gelockert werden.

Du solltest in jedem Fall bedenken, dass die Haltung eines
Listenhundes einige Herausforderungen im Alltag sowie
einen gewissen finanziellen Mehraufwand mit sich bringt.
Auch dass es Menschen geben wird, die - ob berechtigt oder
unberechtigt - unangenehm auf Deinen Vierbeiner reagieren
können. Ob Listenhund oder nicht, in aller Regel ist der Hund
immer so gut wie sein Halter. Gegebenenfalls übernimmst

Du mit einem Listenhund mehr Verantwortung als mit einem Begleithund, die Liebe der Fellnase ist Dir aber in jedem Fall sicher.

Die folgenden Rassen gehören zu den bekanntesten Listenhunden: American Staffordshire Terrier, American Pitbull Terrier und Staffordshire Bullterrier.

In einigen Bundesländern gelten auch der Rottweiler und der Dobermann als Listenhunde.

American Pitbull Terrier-Dame Kira

# MISCHLINGSHUND

Mischlinge führen regelmäßig die Rangliste der beliebtesten Hunde an. Schon vor vielen Jahrtausenden lebten Hunde mit Menschen zusammen und vermehrten sich durch ihr freies Leben an den Höfen mit unterschiedlichen Artgenossen. Die Rassezucht mit ihren einheitlichen Standards und Herkunftsdokumentationen gibt es erst seit Ende des 19. Jahrhunderts. Davor wurden die Vierbeiner ausschließlich als Gebrauchs- bzw. Arbeitshunde genutzt und nur aufgrund ihrer Arbeitsfähigkeiten weiter gezüchtet.

Mischlingen wird nachgesagt, dass sie seltener krank werden. Das liegt unter anderem daran, dass sie keine Überzüchtungskrankheiten in sich tragen, denn Erbkrankheiten von Rassehunden werden durch die Kreuzung nicht weitergegeben. Außerdem heißt es, dass Mischlingshunde ein eher ausgeglichenes Wesen haben. Hier kommt es selbstverständlich immer auf die Charaktere der beiden Elternhunde an.

Grundsätzlich ist es natürlich auch bei Mischlingen wichtig, sie liebevoll und konsequent zu erziehen und auf deren Sozialisierung zu achten.

Dinas Deutsche Dogge-Dalmatiner-Labrador-Mischlingsbub Bolle

# PFLEGEHUND

Wer erst einmal testen möchte, ob er sich als Hundehalter eignet, kann für eine gewisse Zeitspanne einen Pflegehund bei sich aufnehmen. Beispielsweise, weil Freunde für den anstehenden Urlaub einen Hundesitter suchen, oder der Nachbar für einen Krankenhausaufenthalt ein liebevolles Übergangszuhause für seine Fellnase.

Damit sich der Hund möglichst wohl bei Dir fühlt, solltest Du Dich gut auf ihn einstellen und die notwendigen Voraussetzungen schaffen. Das funktioniert am Besten in enger Absprache mit dem Hundehalter, der seinen Hund am Besten kennt und weiß, wie er tickt. Er wird Dir sämtliche wichtigen

Pflegehunde Amy und Spike

Informationen geben, sodass die gemeinsame Zeit Dir und seinem Hund möglichst viel Freude bereitet.

# RETTUNGSHUND

Es gibt grundsätzlich keine speziellen Rassen für Rettungshunde. Um aber tatsächlich als Rettungshund eingesetzt zu werden, muss der Vierbeiner einige Voraussetzungen erfüllen. Zunächst sollte der Hund mittelgroß und mittelschwer sein und gerne spielen, denn die Ausbildung basiert hauptsächlich auf dem Futter- und Spieltrieb. Außerdem sollte er sehr lernwillig sein und keine Angst vor unbekannten Situationen haben. Zur Vorbereitung auf ihre Aufgaben, wie z.B. die Lawinensuche, Trümmersuche, Wasserrettung, Leichensuche oder das Mantrailing, lernen Rettungshunde während der Ausbildung zwar verschiedene Untergründe kennen, sie müssen über Leitern gehen und Röhren durchkriechen können; trotzdem ist jede Rettungssuche individuell und dementsprechend ungewiss.

Doch nicht nur an den Hund werden Anforderungen gestellt, auch der Rettungshundehalter muss einige Voraussetzungen mitbringen. So solltest Du auf jeden Fall gesund, belastbar und einigermaßen sportlich sein.

Die Ausbildung zum Rettungshund kann die ideale Beschäftigung für Hund und Mensch sein, und eine hervorragende Alternative zum gewöhnlichen Hundesport. Rettungshunde gehen voller Motivation und Freude an ihre wichtigen Aufgaben heran und können Rettungskräften somit eine wertvolle Hilfe sein.

Bernhardiner-Rüde Anton

# SCHLITTENHUND

Jeder mittelgroße bis große, kräftige und gesunde Hund kann als Schlittenhund eingesetzt werden. Schlittenhunde werden vor einen Schlitten gespannt und können diesen dann viele hunderte Kilometer weit ziehen. Daher sollten sie ausdauernd und natürlich kälteunempfindlich sein.

Insbesondere nordische Schlittenhunde sind den Wölfen noch sehr ähnlich. Sie leben gerne im Rudel, wo sie eine ausgeprägte Sozialstruktur bilden, bei der die Rangfolge unmissverständlich klar ist. Die Hunde sind zumeist nicht so menschenbezogen wie andere Hunderassen, sondern wollen eher unabhängig leben.

Wer seinen Schlittenhunden ein artgerechtes Leben schenken möchte, sollte an Schlittenhunderennen teilnehmen. Diese werden auch in Deutschland veranstaltet. Auch Wagenrennen, bei denen die Hunde statt vor einen Schlitten vor einen Wagen gespannt werden, machen den Langstreckenläufern viel Spaß und können hierzulande wesentlich regelmäßiger als Schneerennen durchgeführt werden.

Schlittenhunde Toby, Sunny, Max und Smartie

Offiziell gibt es vier Schlittenhunderassen: Siberian Husky, Alaskan Malamute, Grönlandhund und Samojede.

# SPORTHUND

Wer sich einen Sporthund zulegen möchte, sollte selbst gerne aktiv sein, denn die vierbeinige Sportskanone eignet sich nicht für ein faules Leben auf der Couch. Er möchte gefordert und gefördert werden, ist sehr aktiv und aufmerksam. Aufgrund seines ausgeglichenen, liebenswerten Wesens eignet er sich gleichzeitig auch ausgezeichnet als Familienhund, denn neben dem Betreiben von Sport-

Mireilles Border Collie Rocky

aktivitäten ist für ihn nichts wichtiger als engen Familien-
anschluss zu genießen.

Sporthunde haben, je nach Rasse, oft einen recht ausge-
prägten Jagdtrieb, weshalb der Halter stets darauf achten
sollte, seiner Fellnase auch bei gewöhnlichen Spaziergängen
kleine Herausforderungen zu stellen, um ihn somit erst gar
nicht auf die Idee kommen zu lassen, einer Fährte zu folgen.

Besonders beliebt unter den Sporthunderassen sind: Golden
Retriever, Labrador Retriever, Irish Setter, Border Collie,
English Cocker Spaniel, Vizsla und Weimaraner.

# STRAßENHUND

Solltest Du Dich mit dem Gedanken tragen, einen Straßenhund aus dem Ausland bei Dir aufzunehmen, gibt es einiges
zu beachten: Jeder Hund, der auf der Straße gelebt hat, hat
seine eigene, individuelle Vorgeschichte. In den allermeisten
Fällen sind es Promenadenmischungen, deren Charaktere -
nicht zuletzt aufgrund ihrer bisherigen Erfahrungen - nicht
einzuordnen sind.

Etwas einfacher wird es, wenn man einen Straßenhund nicht
direkt zu sich holt, sondern per Übernahme aus einer
Pflegestation, die eng mit einer Tierschutzorganisation
zusammenarbeitet. In diesem Fall kennt man bereits einige
Charaktereigenschaften und Bedürfnisse bzw. Ängste des

Hundes und hat so die Möglichkeit, eine konkretere Wahl zu treffen.

Ursulas Marley, ehemaliger Straßenhund aus Teneriffa

Du, als künftiger Halter eines ehemaligen Straßenhundes, solltest jedenfalls flexibel, besonders geduldig, sehr souverän und jederzeit liebevoll konsequent sein. Unter Umständen wirst Du mit Herausforderungen konfrontiert, die Deine Vorstellungen eines harmonischen Zusammenlebens sprengen. Doch natürlich gibt es auch Straßenhunde, die sich voller Dankbarkeit und Zuneigung auf ihr neues, geordnetes Leben in einem liebevollen Zuhause einlassen.

# THERAPIEHUND

Therapiehunde haben eine positive Wirkung auf Menschen, die gesundheitliche, geistige oder seelische Schwierigkeiten haben. Im Gegensatz zu einem Assistenzhund ist der Therapiehund nur stundenweise mit seiner Arbeit beschäftigt. Er besucht mit seinem Halter verschiedene Einrichtungen und erweist den Patienten in tiergestützten Therapien, oft schon allein durch seine Anwesenheit gute Dienste.

Therapiehund Emma

In aller Regel sind Therapiehunde ganz normale Familienhunde, die ein besonders freundliches und geduldiges

Wesen mitbringen. Sie sollten außerdem offen gegenüber Neuem sein, gut mit ungewöhnlichen Situationen, verschiedenen Gerüchen und Menschen zurechtkommen und sich gerne anfassen bzw. streicheln lassen.

Für die tiergestützte Therapie eignen sich Rassehunde ebenso wie Mischlingshunde.

# TIERHEIMHUND

Ähnlich wie bei Straßenhunden holst Du Dir auch bei einem Hund aus dem Tierheim dessen Vergangenheit nach Hause. Diese muss nicht unweigerlich negativ behaftet sein, und doch war Dein neuer Mitbewohner für eine gewisse Zeit in einem Zwinger eingesperrt. Eine Erfahrung, die womöglich nicht unbemerkt an ihm vorüber gegangen ist.

Warum auch immer der Hund im Tierheim gelandet ist, hier hast Du die Möglichkeit, durch regelmäßige Gassigänge vor der finalen Entscheidung Deinen zukünftigen Vierbeiner besser kennenzulernen. Genauso kann auch er Dich näher kennenlernen. Ein Vorteil, der nicht zu unterschätzen ist. Selbstverständlich gehört auch hier zu einem vertrauensvollen Leben miteinander, dass Du Dich auf den Hund, dessen Bedürfnisse und Erfahrungen einstellst und ihn mit viel Aufmerksamkeit, Geduld und reichlich liebevoller Konsequenz durch sein restliches Leben begleitest.

Nicoles Lia, ehemaliger Tierheimhund aus Rumänien

# ZUCHTHUND

Bei der Hundezucht wird viel Wert darauf gelegt, dass die Tiere bestimmte körperliche und charakterliche Merkmale erfüllen. Die Entscheidung, ob ein Hund zur Züchtung zugelassen wird, erfolgt nach einer Prüfung gemäß der Zuchthundestandards. Hierbei ist es besonders wichtig, dass die Zuchttiere keinerlei Erbkrankheiten in sich tragen. Wie bei jedem anderen Hund, sollte der Zuchthund entsprechend seiner Rasse und seinen Bedürfnissen erzogen werden und die Möglichkeit bekommen, sich gesund zu entwickeln und natürlich auch gesund zu bleiben.

Cavalier King Charles Zuchthunde
Cassandra und Beat mit einem ihrer Welpen

# NACHWORT

Und hiermit sind wir am Ende dieses kleinen Ratgebers angelangt. Ich hoffe, ich konnte Dir Einiges mit auf den Weg geben, das Dich eine bewusste Entscheidung für oder vielleicht auch gegen einen Hund treffen lässt. Und natürlich, dass Du Spaß beim Lesen hattest.

Es gibt so viele Menschen da draußen, die sich für Hunde engagieren. Tierschützer, die sich um misshandelte Fell-nasen kümmern. Oder darum, dass sie ein besseres Leben führen dürfen. Tierheimmitarbeiter, die versuchen den ausgestoßenen Hunden ein Stückchen Zuhause zu bieten. Ehrenamtler, die Futterspenden sammeln und an bedürftige Tierhalter ausgeben. Hundetrainer, die Mensch und Hund einander näher bringen. Dogsitter und Gassigeher, die den Haltern ermöglichen, guten Gewissens ihrer Arbeit nachzu-gehen. Ich ziehe vor allen meinen Hut! Und irgendwie zähle ich auch mich beziehungsweise alle Hundehalter, die ihre Fellnasen lieben und ihnen ein tolles Leben ermöglichen, dazu. Doch leider gibt es immer noch viel zu viele Menschen, die Tiere nicht als Lebewesen mit Gefühlen und Bedürf-nissen anerkennen. Mir bricht jedes Mal das Herz, wenn ich von einer Fellnase in Not höre oder lese. Und manchmal bekomme ich es sogar persönlich mit. Da gibt es zum

Beispiel diesen alten Mann, der seinen Schäferhund regelrecht quält. Wenn ich ihm begegne und sehe, was er dem Vierbeiner antut, würde ich ihm am Liebsten den Hals rumdrehen, mir seinen Hund schnappen und dem armen Kerl endlich das Leben bieten, das er verdient. Keine Sorge, ich habe eine gute Kinderstube genossen und werde weder laut noch ausfällig und erst recht nicht handgreiflich. Jedes Mal, wenn ich den Herrn bisher angesprochen habe, kamen nur bösartige Drohungen zurück. Der Tierschutz kann anscheinend auch nichts machen, alles schon probiert. Und dann stehst Du da und schaust diesem höchstaggressiven Mann, der seinem wunderschönen Hund das Leben so zur Hölle macht, nach und bist völlig hilflos.

Irgendwann ist die Idee in mir gereift, dass ich vielleicht doch nicht ganz so hilflos bin. Ich persönlich kann zwar nicht jede Fellnase dieser Welt retten, aber ich kann dazu beitragen, dass das Bewusstsein geschärft wird. Dass keine Hunde als Geschenk unter dem Weihnachtsbaum liegen, nur um pünktlich zu den nächsten Ferien am Straßenrand ausgesetzt zu werden. Wenn dieses Buch auch nur einem einzigen Menschen klar macht, dass er doch nicht als Hundehalter geeignet ist, habe ich schon viel mehr erreicht, als nichts zu tun.

In diesem Sinne wünsche ich mir und Dir, dass Du zu einer liebevollen Hunde-Mami, bzw. einem liebevollen Hunde-Papi wirst! Oder eben Dir erst gar keine Fellnase in's Leben holst.

Deine Melanie

# DANKSAGUNG

Ein dickes Dankeschön geht an alle, die an der Entstehung, Umsetzung und Veröffentlichung dieses Herzensprojektes beteiligt waren. Allen voran Thorsten, der nicht müde wurde, mich zu ermutigen und sich um alles rund um die Veröffentlichung gekümmert hat. Ich liebe Dich und bin unendlich dankbar für alles, was Du für mich getan hast und immer noch tust! Meine beiden Lektorinnen Nadja und Bettina, die gleich Feuer und Flamme für meine Idee waren und sich so engagiert in meine Schachtelsätze gestürzt haben. Danke für Eure liebevollen Korrekturen, Ergänzungs- und Änderungsvorschläge! Dina für Deine kreativen Ideen und Umsetzungen, die schlussendlich zu diesem außergewöhnlichen, wunderschönen Cover geführt haben! Meine Testleserinnen Dani und Nadine, Ihr seid die besten Freundinnen, die man sich nur wünschen kann! Jutta & Norbert, für Euren wichtigen Hinweis und die immerwährende, liebevolle Unterstützung in allen Belangen. Mira dafür, Dein Reiseerlebnis nach Irland mit uns zu teilen. Katrin für Deinen Einsatz für Lilli und die Geschichte dazu. Nicht zu vergessen, all die tollen Hunde-Mamis und -Papis, die mir ihre Fotos zur Verfügung gestellt haben. Diese sind im

Einzelnen: Nadja, Dina, Stephan, Dani, Nadine, Katrin, Jutta & Norbert, Julia, Nicole, Martina, Tanja, Josef, Tina, Stephanie, Sandra, Silke & Axel, Mireille, Roland, Ursula, Mira und Gabriele sowie die freundlichen Foto-Publisher. Ein ganz besonderes Danke geht außerdem an meine Familie: meine Eltern Regine & Fritz und meine Brüder Bernd & Peter, die Frieda von Anfang an fest in ihre Herzen geschlossen haben und die besten Hundesitter und –bespaßer sind, die ich mir vorstellen kann. Ohne Euch wären wir beide nicht das, was wir sind! Nicht zu vergessen, Nicole mit Nala, bei der sich Frieda so unglaublich viel abgeguckt hat, Sandra, Jenny und Robin, die ebenfalls oft und liebevoll auf sie aufgepasst haben. Und zum Schluss und am allermeisten danke ich meinem wunderbaren Hundemädchen, das ich so sehr liebe und am Liebsten nie mehr loslassen will!

Printed in Germany
by Amazon Distribution
GmbH, Leipzig

28247191R00102